U0162200

Environ-
✛mental

Art Design Hand-painted Expression Techniques

A Series of Textbooks for Media

and Art Major in Chinese Applied Universities

中国应用型大学传媒艺术专业系列教材

环境艺术设计
手绘表现技法

主编　王东辉

辽宁美术出版社

主　编：王东辉

编　委：王　佩　朱　磊　魏　巍

图书在版编目（CIP）数据

环境艺术设计手绘表现技法 / 王东辉主编. —沈阳：
辽宁美术出版社，2020.4（2021.7重印）
中国应用型大学传媒艺术专业系列教材
ISBN 978-7-5314-8651-0

Ⅰ．①环… Ⅱ．①王… Ⅲ．①环境设计－绘画技法－
高等学校－教材 Ⅳ．①TU-856

中国版本图书馆CIP数据核字（2020）第054464号

出 版 者：辽宁美术出版社
地　　址：沈阳市和平区民族北街29号　邮编：110001
发 行 者：辽宁美术出版社
印 刷 者：沈阳博雅润来印刷有限公司
开　　本：889mm×1194mm　1/16
印　　张：7.5
字　　数：180千字
出版时间：2020年4月第1版
印刷时间：2021年7月第2次印刷
责任编辑：彭伟哲　王　楠
封面设计：彭伟哲　杨贺帆
责任校对：郝　刚
书　　号：ISBN 978-7-5314-8651-0
定　　价：51.00元

邮购部电话：024-83833008
E-mail:lnmscbs@163.com
http://www.lnmscbs.cn
图书如有印装质量问题请与出版部联系调换
出版部电话：024-23835227

前　言

　　基于"OBE"（成果导向）的应用型本科教学以实用性为出发点的教育理念，将学习的成果作为教学目标展开课程内容设计，《环境艺术设计手绘表现技法》教材遵循应用型本科教学规律进行编著，教材内容设计符合环境艺术设计相关专业学生在校期间的学习需要，能够培养在毕业后独立承担具体设计与表现工作的高素质应用复合型人才。

　　《环境艺术设计手绘表现技法》是环境艺术设计相关专业的基础实践课。环境艺术设计是需要通过沟通和表达实现的，手绘表现是设计创作过程中，设计师日常的创作素材记录、设计前期思维过程、设计方案推敲图形化表达以及设计作品最终效果的艺术化呈现的专业基础知识。本教材以环境艺术设计专业设计公司和一线设计师在工作中的实际手绘表现需求为导向，进行教材内容架构的设计。注重培养学生具备较强的实用性、可用性、艺术性手绘表现能力。教材编写过程中，在工作场景实用及常用的基础上，追求设计表现的创新思想和系统方法。本教材内容面向环境艺术设计专业、风景园林设计专业、室内设计专业、公共艺术设计专业等相关专业的学生和专业设计师群体。

　　教材的具体特征体现在以下几个方面。

　　1.案例新颖，注重实践。面向环境艺术设计相关专业工作岗位需求，注重设计表现实践能力培养，着重培养动手能力。

　　2.项目教学，专业分类。章节分配上以专业类型进行区分，各章节独立项目，根据专业特色进行分类；内容编排上，符合教学规律与逻辑。

　　3.学以致用，实践为先。教材摆脱了以往手绘教材中以临摹为主的教学思路，强调具体设计项目的教学实际表现过程及表现成果的实现。

　　4.学习大师，开拓视野。手绘课程较为注重课后的实训，大量经典的符合学生学情的资料素材，让学生在课后即可练习。

　　由于编者水平有限，教材中难免出现不当之处，恳请广大读者给予指正并提出宝贵意见，对此我们深表感谢。

目　录

第一章 环境艺术设计手绘表现技法概述

本章讲述了环境艺术设计手绘表现技法的概念、发展、意义以及社会应用价值。在环境艺术设计相关专业的创作及项目表达的过程中，设计师的日常创作素材积累，设计项目的表达、展示及沟通，以及设计项目最终的艺术效果呈现，都需要用到不同程度的手绘表现技法进行呈现。

通过本章的学习，让学生理解手绘表现技法的概念及重要价值，具备环境艺术设计手绘表现技法的设计思维能力。本章将系统地进行环境艺术设计表现技法的理论知识讲解。

第一章　环境艺术设计手绘表现技法概述

设计师是如何进行创作的?

你知道美国华盛顿越战纪念碑吗?越战纪念碑是美国最受欢迎的十大建筑遗迹之一,也是世界最著名的公共艺术作品。设计者林樱(华裔)设计这件作品时年仅21岁,是耶鲁大学建筑系大三的在校学生。

华盛顿设计越战纪念碑的设计竞赛,评选时间是1981年,由8位建筑师和雕塑家组成评审委员会,收到全世界超过1421份设计作品,从中选择一份作为最终方案,设计作品的作者全部匿名,只有数字编码。通过三个阶段的筛选,最终,21岁的林樱赢得了最终胜利。林樱的设计图纸简单、有力,设计理念充满了人性关怀和强烈的震撼力。评委会对她设计的评价是:"它融入大地,而不刺穿天空的精神,令我们感动!"(图1-1~图1-4)

图1-1

图1-2

图1-3

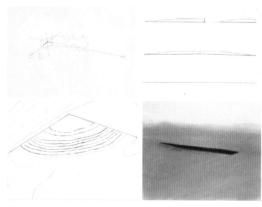

图1-4

第一节　手绘表现技法的发展

1.理解手绘表现技法的概念。

2.了解手绘表现技法的发展现状及职业应用。

思维的记录

古老的洞穴壁画告诉了我们几千年前的人是什么样子的,这些画在世界各地都能找到,许多洞穴壁画保存得非常完整。那些壁画的年代是从3.2万年前到1500年前(图1-5、图1-6)。

图1-5

图1-6

从这些壁画中，我们会发现一些共同的东西，即在壁画上出现的景物都是史前人生活的时代写照。他们为什么要煞费苦心地进入这些深邃而且包含着许多危险的洞穴来创造这样一些壁画？他们创造这些壁画的目的是什么？有种种解释，其中一种认为这些壁画可能代表着一种神秘的巫术仪式。这些巫术仪式应该可以说向我们今天的人传达了一种图像观念，认为图像和事物，即模仿的图像和它的原型之间有一种神秘的联系，控制了图像就控制了事物。所以描述这些兽群，就意味着你将占有这些兽群。这是原始思维当中的一种神秘的交感思维对艺术创作的影响。

一、手绘表现技法概念

手绘表现技法又称手绘效果图表现技法、手绘表现图（图1-7），是学习建筑设计、展陈设计、家居空间设计、园林景观设计、环境艺术设计、产品设计等专业学生的一门重要的专业必修课程，同时也是相关专业职业设计师必须掌握的从业技能。

"图画是设计师的语言"。

从城市环境设计到居住空间设计，没有一个设计师是不会画图的。虽然，随着计算机技术的发展，大量的电脑设计施工图和效果图被用于体现环境艺术设计，但是电脑制图需要的时间及硬件设备会有一定的局限性，所以作为一名优秀的设计师，用手绘的方式将自己的设计构想和创意灵感进行记录与描绘，用画笔及时地将设计构想与客户进行交流沟通，用娴熟并快速的手绘技巧将设计效果图进行艺术化表现，成了衡量设计师专业度的重要标准。

思维产生设计，设计由表现来推动和深化，设计表现技法以艺术形象的外化形式表达设计的意义。在设计程序中手绘表现是描述环境空间、形象设计更为生动直白的语言形式，它在设计程序中对创意方案的推导和完善起到不可替代的作用，是沟通与交流设计思想最便利的方法和手段（图1-8），人可以通过手绘表现的便利通道来认识设计的本质内容和主旨思想（图1-9、图1-10）。

图1-7

图1-8

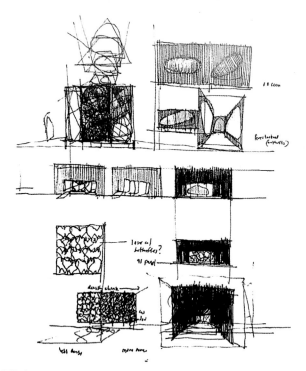

图1-9

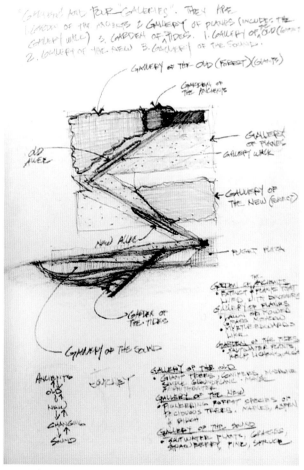

图1-10

二、发展现状

手绘表现技法依托于古老建筑学的发展，在西方文艺复兴时期，建筑师都是全才，他们可以把设计和表现融为一体，最为重要的代表人物就是达·芬奇（图1-11）和米开朗琪罗，他们既是建筑师也是工程师，同时也是画家、雕塑家。

在没有计算机技术之前，所有的建筑师和设计师都是用手绘表现的形式对设计进行表达，直到现在，我们也会经常看到一些设计界的大师，比如斯蒂文·霍尔（图1-12～图1-14）、安藤忠雄、弗兰克·盖里、扎哈·哈迪德等都经常用手绘的途径进行个人作品的表现。

现代社会，随着人们物质生活水平的提高，对美的事物兴趣越来越浓厚，注重生活方方面面的设计创新，设计相关行业的发展日渐繁荣，手绘表现的应用也越来越广泛。同时伴随着现代手绘表现工具的创新和表现技法的多样化发展，手绘表现技法的形式越来越多样化。经常见到某设计师的设计随笔及设计创意草图时，引起

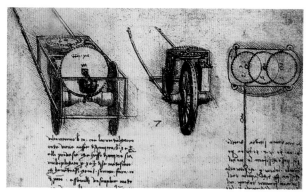

图1-11

图1-12

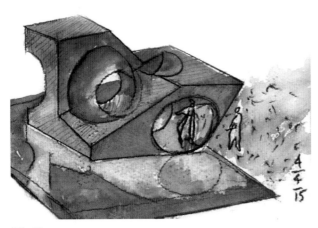

图1-13

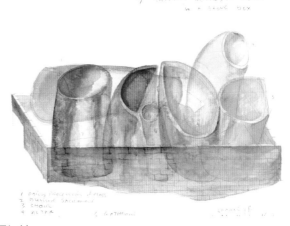

图1-14

大家的羡慕与关注。手绘表现技法从之前行业里的设计实践参考，成了完成设计创意积累、设计过程讨论、设计结果呈现的多维度的设计从业者优秀程度的衡量指标（图1-15）。社会越来越需要具有创新理念和创意的作品，手绘表现技法的熟练掌握对现代社会设计美学的传承有着不可取代的现实意义。

三、手绘表现技法的艺术价值

在设计理性与艺术自由之间对艺术美的表现成为设计师追求的永恒而高尚的目标。优秀的手绘表现技法图，其表现技巧和方法带有纯然的艺术气质。手绘表现的形象能达到形神兼备的水平，是艺术赋予环境形象以精神和生命的最

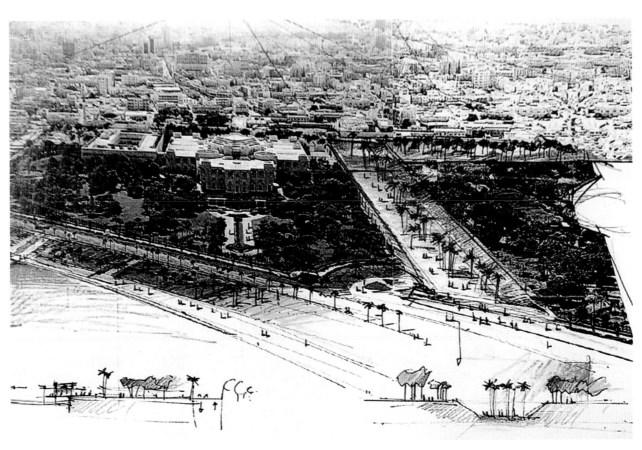

图1-15

高境界，也是艺术品质和价值的体现，更是体现人们对美好生活的追求。

设计是表现的目的，表现为设计所派生，脱离设计谈表现，表现便成了无源之水、无本之木。但同时，成熟的设计也伴随着表现而产生，两者相辅相成、互为因果（图1-16）。手绘表现是判断把握环境物象的空间、形态、材质、色彩特征的心理体验过程，是感受形态的

尺度与比例、材质的特征与表象、色彩的统一与丰富的有效方法，是在设计理性、直觉感悟、艺术表现的嬗变过程中对创意方案的美学释义。手绘表现因继承和发展了绘画艺术的技巧和方法，所以产生的艺术效果和风格便带有纯然的艺术气质，其手法的随意自由性确立了在快速表达设计方案、记录创意灵感方面的优势和地位。

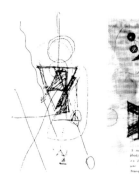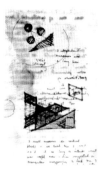

图1-16

第二节　手绘表现技法的学习方法

1.理解手绘表现技法的类型。

2.掌握手绘表现技法的学习方法。

被切开的"橘子瓣"？

刹那的灵感成就的经典。

1956年，丹麦37岁的年轻建筑设计师约恩·乌松在旅行途中看到了澳大利亚政府向海外征集悉尼歌剧院设计方案的广告，就随手在飞机的餐巾纸上画下了应征的建筑设计草图。虽然对远在天边的悉尼根本一无所知，但是凭借从小生活在海滨渔村的生活积累所迸发的灵感，他完成了这一设计方案（图1-17、图1-18）。方案公布后，很多人猜测这座建筑的外形来自海边贝壳的形态，按设计师后来的解释，他的设计理念既非风帆，也不是贝壳，而是切开的橘子瓣，但是他对前两个比喻也非常满意。当然，当他寄出自己的设计方案的时候，他并没有料到，又一个"安徒生童话"将要在异域的南半球上演。

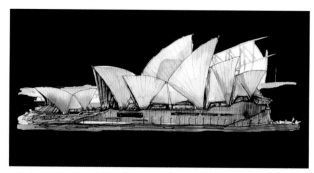

图1-17

图1-18

一、手绘表现技法的学习方法

一幅完整的、优秀的、具备艺术表现力的手绘效果图所传达的是设计师的构思、设计和意图。它需要严谨的透视，独具匠心的构图，细腻的材质质感表现，灵活的配景刻画，这一切都源于对最基本的艺术设计专业基础训练课程素描、速写及色彩的驾驭能力。手绘效果图是一种依靠工具的辅助去完成的艺术创作。它为一定的规律、程序和基本技法所约束，同时也靠这些规律、程序和基本技法去完成。对初学者来说，要掌握这些规律、程序和基本技法，并创造出富有个性化和感染力的设计表现图，就必须通过大量的临摹和有目的的训练，不断总结归纳各类技法的表现

技巧和形式，唯有如此才是通向成功的坦途。

手绘表现技法图是运用较写实的绘画手法表现建筑环境或室内空间结构与造型形态，它既要体现出功能性又要体现出艺术性。手绘效果图要运用理性的观念来作图，因此比较注重对工具的使用（如尺、模板等），所以手绘效果图的绘画相对来说是理性与感性的结合体。在进行手绘效果图创作时，应该将重点放在造型、色彩和质感的表现上，另外还应注意设计思路、构图布局等。

针对基本训练的学习方法有以下几种。

1.实景写生

对环境空间进行分析、提炼、组合、表现、权衡构图，快速地进行现实景象表现，重点培养脑、眼、手相互协调的能力（图1-19～图1-22）。

图1-19

图1-20

图1-21

图1-22

2.临摹

临摹分为优秀作品临习和照片创作两种，在学习的初级阶段，大量地进行优秀作品的临摹，从画面中感受三维的立体空间，临摹不同风格的表现作品，获取技巧与表现形式。在优秀作品临习达到一定的水平之后，可以进行照片的临摹创作了。实景照片的临摹，不仅仅停留在照着画的阶段，更需要学生进行构图、透视、画面重点、配色等一系列的再创作，是手绘表现学习最重要

的阶段（图1-23、图1-24）。

在进行临摹练习的时候，应该做到以下几点。

（1）集中时间大量练习

画图是一种操作性很强的技能，没有量的积累，就谈不上质变，只有集中时间大量练习才能见效。

（2）从"无法"到"有法"，再从"有法"到"无法"

技法是一种"表达方法"，初学者一定要掌握学习

图1-23

图1-24

方法。方法有很多种，只要适合的就可以用，掌握的方法足够多，自然就能创造出具有个性风格的画法。

（3）意在笔先

绘图要意在笔先，学会先分析图，再进行绘图。

（4）抓住画面主次

效果图是有规律可循的，重点是画面中心地带重点表达的地方，往四周逐渐地虚过去，主次分明，其他地方起衬托作用，要懂得"省""留白"。

（5）有深入才有进步

画图要有耐心，画坏了不要紧，一定要改回来，再继续深入。

（6）先整体后局部

在临摹时，先对整体画面进行理解和绘制，再从画面的重点局部进行深入刻画，最后调整画面效果。

3．设计表现创作阶段

经历了实景写生和临摹阶段，通过大量练习，掌握了手绘表现技法各类元素的表现技巧及各类空间环境的表现特点，这时，就可以进行设计创作的手绘表现实践了。设计表现图的创作要关注设计方案的尺寸比例关系、设计方案的造型、材料搭配、色彩配置等设计作品的造型形式。作为手绘表现图，也应该关注整体画面构图及符合设计方案意境的艺术形式美感（图1-25）。

图1-25

二、手绘表现技法类型

在计算机制图出现之前，所有艺术设计相关专业的最终设计效果呈现都需要手绘来实现。从有设计意向开始，甚至于更早的设计师在日常生活中的各类创意素材的积累，到项目过程中的概念设计图纸及施工图纸，以及最终的与甲方对接的设计效果图，均是用各类手绘表现技法来实现的。随着设计表现工具的推陈出新，近几十年手绘表现技法图包括：水粉效果图、水彩效果图、彩色铅笔喷绘效果图、马克笔效果图等各种类型，由于水粉效果图及水彩效果图的写实性表现特征，在一段时间里是艺术设计专业效果图表现的主流。随着计算机介入艺术设计行业，各类与艺术设计相关的制图软件层出不穷，计算机制图有易修改、易留存、易传播、准确性高等特点，成了当代艺术设计相关专业常见的效果图表现手段，而手绘表现技法的类型也就逐渐集中在了马克笔表现、水彩表现、彩色铅笔表现及综合表现技法等常见的几种类型。下面就环境艺术设计手绘表现技法的各种常见特征进行讲解。

1.水粉表现技法

水粉色彩饱和、浑厚、覆盖性强，绘图便捷，表现力强，明暗层次丰富，并且能层层覆盖，便于修改，能深入地塑造空间形象，逼真表现对象，获得理想的画面效果。基本技法有平涂法、退晕法和笔触法 (图1-26)。

2.水彩表现技法

水彩具有透明性好、色彩淡雅细腻、色调明快的特点。水彩技法着色一般由浅到深，亮部和高光需要预先留出或是用水粉提白，绘制时要注意笔端含水量的控制。水分太多，会使画面水迹斑驳，色彩偏灰；水分太少，色彩透明度降低，画面缺少清晰、明快的感觉。此外，画笔笔触的体现也是丰富画面的关键。运用提、按、拖、扫、摆、点等多种手法，可使画面笔触效果更有趣味。基本技法有平涂法、叠加法、退晕法等 (图1-27~图1-29)。

3.彩色铅笔表现技法

彩色铅笔的特点是携带方便，色彩丰富，表现手段快速、简洁等，彩色铅笔分为水溶性和蜡质两种。其中，水溶性彩色铅笔较为常用，它具有溶于水的特点，与水混合具有浸润感，也可以用手指擦抹出柔和的效果。基础表现技法有平涂排线法、叠彩法、水溶退晕法等 (图1-30)。

图1-26

图1-27

图1-28

图1-29

图1-30

4.钢笔画表现技法

钢笔画是运用钢笔绘制的单色画。钢笔画工具简单，携带方便，所绘制的线条流畅、生动、富有节奏感和韵律感。钢笔画通过钢笔线条自身的变化和巧妙组合达到作画的目的。作画时，要求提炼、概括出物体的典型特征，生动、灵活地再现物体。

基础技法有线条表现法和质感表现法（图1-31、图1-32）。

图1-31

图1-32

图1-33

5.钢笔淡彩表现技法

钢笔淡彩是钢笔与水彩的结合,它是利用钢笔勾画出空间结构、物体轮廓,运用淡雅的水彩体现画面色彩关系的技法。钢笔淡彩也是快速表现中常用的技法之一。基础的技法有勾线上色法、上色勾线法(图1-33)。

6.马克笔表现技法

马克笔表现技法能快速、便捷地表现设计意图,同时

也是近几年最常见的手绘表现技法形式。马克笔绘画是在钢笔线条技法的基础上,进一步研究线条的组合、线条与色彩配置规律的绘画。马克笔的种类主要有水性马克笔和油性马克笔。它的笔头较宽,笔尖可以画细线,斜画可以画粗线,通过线、面结合可达到理想的绘画效果。基础的技法有排线法、重叠法、叠彩法等(图1-34)。

图1-34

三、设计创意草图

设计类手绘分为前期构思设计方案的研究型手绘和设计成果部分的表现型手绘。前期部分被称为草图，成果部分被称为表现图或者效果图。其中设计创意草图是设计构思与创意阶段经常运用的图形记录形式。

1.手绘设计创意草图的特点

手绘草图是一种设计语言，能够快速记录设计师分析和思考的内容，也是设计师收集设计资料、表达设计思维的重要手段（图1-35）。同时，作为一门艺术，手绘草图因为呈现出丰富多彩的艺术感染力，是计算机无法比拟的。

创意草图在视觉上是潦草的、粗略的，但是却蕴含着可以发展的各种可能，在设计构思过程中，可以用相对模糊的线条忽略细节，设计从大局入手，快速确定大的、主要的设计构想，然后进行深入的细节推敲，形成多方案的设计构思过程记录（图1-36、图1-37）。

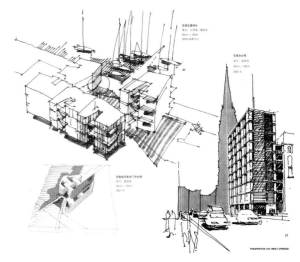

图1-36

图1-35

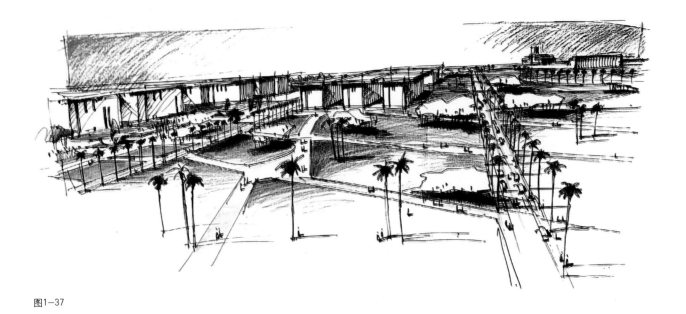

图1-37

2.手绘设计创意草图的分类和作用

草图根据作用不同可以分为两类。

一类是记录性草图,主要是设计人员收集资料时绘制的(图1-38)。

另一类是设计性草图,主要是设计人员设计时推敲方案、解决问题、展示设计效果时绘制的(图1-39)。

草图的作用主要有四点。

(1)资料收集:为以后设计工作积累丰富的资料。

(2)形态调整:运用设计速写将各种设计构想形象快捷地表达出来,使设计方案得以比较、分析与调整。

(3)连续记忆:设计者从生活中获得灵感,发现新的设计思路和形式,通过设计速写留住瞬间感觉,为设计注入超乎寻常的魅力。

(4)形象表达:设计草图可形象地表达出物体的属性和空间的氛围。

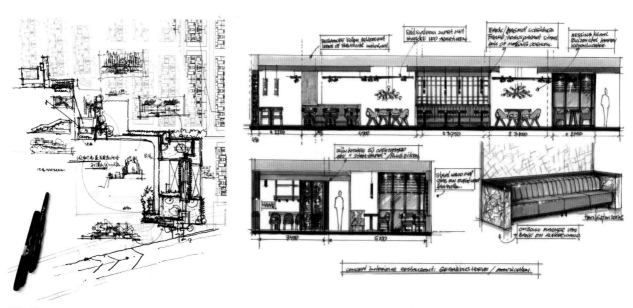

图1-38   图1-39

四、个人风格的形成

设计师的表现技能和艺术风格是在实践中不断积累和思学磨炼中成熟的。设计表现在艺术的范畴中可以理解为感觉艺术，在理性设计与感性表现之间，设计师应始终保持在激情的状态中去发现、感受和创造美的事物，保留艺术美的新鲜感受，并同艺术灵感一起注入具体的形象和画面之中（图1-40、图1-41）。表现风格使设计师的表达习惯与技法个性在构图安排、塑造形态、表现色彩、协调画面效果中反复、充分地体现，它的形成取决于设计师的四个素质条件。

1.设计师在长期设计表现实践中积累的方法和习惯。

2.设计师对客观物象美的敏感和正确判断。

3.艺术的先天灵性与后天修养双重具备。

4.具备思学磨炼精神、善于感悟艺术哲理。

个人表现风格的形成以设计师的艺术素质为前提，是设计师运用技法表达空间、形态、色彩中形成的笔法形式特征和艺术个性（图1-42）。与此同时，对某种风格特征和艺术个性的感受将产生特有的审美趣味和艺术感染力，以达到美感共鸣来带动认同设计的目的，以此为条件的设计交流和沟通将提升到艺术的更高层面上展开。

精湛的表现技能成熟于不断的积累和思学磨炼之中，在深邃的艺术之海中探索和追求，是对设计师韧性、气质、品格的培养。就手绘表现而言，"约束中的自由"是手绘表现对技法的认知和表现思想在实践中逐渐归于成熟的表现，表现美是心灵感悟的成熟，是表现的自由。用艺术手法将精神和生命注入环境形象是表现的艺术目标，在此过程中设计师去揭示艺术真谛和美的情趣时，获得的就不仅仅是环境的表象形式，更是设计艺术的灿烂和珍贵价值。

五、经验分享

1.学好手绘表现技法图的秘诀

日常生活中，小到一支铅笔，大到所处空间窗外的建筑楼体，都能是你进行练习的素材，只要能做到笔不离手，久而久之，自然会提升你的手绘表现技巧，进而形成个人明显的艺术表现手绘风格。

2.设计工作中手绘主要用在哪些具体的环节

图1-40

图1-41

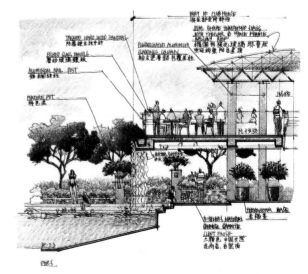

图1-42

作家是靠文字进行写作素材积累的，而设计师是靠各类涂涂画画来进行思维记录的。在设计师平时的素材积累阶段、项目概念设计阶段、方案推敲阶段、设计方案的艺术表现阶段都会用到手绘表现的一些技法。当然，一位优秀的设计师，还必须具备较强的艺术素养及美学修养，而这些都可以通过绘画来提升。

本章总结

本章对环境艺术设计手绘表现技法基础理论部分的相关内容进行了讲解和剖析，逐节梳理了环境艺术设计手绘表现技法的概念、发展趋势、常见类型等知识点，使读者清晰了解并掌握环境艺术设计手绘表现技法的基础知识，培养学生正确的、积极的、符合社会行业专业实践应用的设计过程表达及设计效果表达的思维意识及设计创作态度，并能够将自己的专业运用到设计表现创作中。

本章关键词

表现技法　表现类型　技艺与绵延　创意草图
职业应用　绘画风格　新理念　美学传承

练习题

◎ 【课后练习一】

请对以下两张风景图片进行速写表现（图1-43、图1-44）。

要求：

1.透视准确，比例得当，构图合理。

2.画面中的元素表现合理，场景感强。

◎ 【课后练习二】

请对你学习的环境一角进行手绘表现，尽量选择徒手表现。

要求：

1.表现透视准确，有场景感，注意线条的运用。

2.构图合理、美观，能体现个人独特的艺术风格。

图1-43

图1-44

推荐阅读

1.夏克梁.建筑钢笔画:夏克梁建筑写生体验.沈阳:辽宁美术出版社,2008.

2.张克非.破译效果图表现技法.沈阳:辽宁美术出版社,1999.

[第二章　设计手绘表现基础]

本章讲述了手绘设计表现的基础内容。手绘是设计师在整个设计过程中一个重要的记录方案的方式，也是设计师与人沟通的直接手段。此章节从设计手绘所使用工具类别、常用透视方法、基本线稿表现技法及马克笔运用等方面讲述手绘的基础知识及技能，将基础透视科学的客观性、系统性与表现技法的艺术主观性、自由性相融合。通过本章学习，使学生了解掌握透视学的基本原理与作画方法和步骤，通过本章内容的讲解使学生了解针管笔、彩色铅笔、马克笔等不同作图工具的性质及表现技法，为之后的学习打下扎实的基础。

第二章 设计手绘表现基础

严谨的手绘手稿

阿尔瓦·阿尔托（1898—1976）是芬兰现代建筑师，人情化建筑理论的倡导者，同时也是设计大师和艺术家（图2-1～图2-3）。1947年获美国普林斯顿大学名誉美术博士学位，1955年当选芬兰科学院院士，1957年获英国皇家建筑师学会金质奖章，1963年获美国建筑师学会金质奖章。阿尔瓦·阿尔托是人情化建筑理论的倡导者，其设计创作手稿绘制得十分逼真。他所绘制的玛利亚别墅，还原后的真实效果与手稿相似度非常高。

图2-1　　　　　　　　　图2-2

图2-3

第一节 手绘常用材料与工具

1. 掌握手绘表现常用材料与工具的种类。

2. 掌握手绘表现常用材料与工具的特点并学会使用方法。

选择的重要性

流水别墅是赖特为卡夫曼家族设计的别墅（图2-4、图2-5）。这个建筑以其原始、活动、超越时间的形态，超越了建筑史上诸多流派的建筑，它似乎是凭空飞跃到宾夕法尼亚的岩崖之中，让整个山谷都呈现出一种超凡脱俗的气度，建筑内的壁炉是以暴露的自然山岩砌成的，瀑布所形成的雄伟的外部空间使别墅整体更为完美，在这人与自然和谐共存的环境里呈现出天人合一的悠然境界。整个构思是大胆的，成为无与伦比的世界最著名的现代建筑。赖特选择适合的工具与绘画方法绘制出不朽的建筑设计巨作。

图2-4

图2-5

一、黑白线稿常用工具

手绘效果图表现阶段不同，所用的工具笔不同，表现的风格也会截然不同，从前期方案构思到最后的整体效果表现，都需要用不同的笔进行表现。画笔各式各样，品种繁多，每一种笔都有其独特的优势（图2-6）。

1. 铅笔

绘图铅笔，具有携带方便、易于修改和绘制层次丰富等特点，可根据手的力度控制笔痕的深浅，深受初学者和专业人士的喜爱。铅笔具有软硬、深浅之分，常用的型号有2H、HB、2B等。每种型号的铅笔都有不同的特性，分别表现不同的色质和浓淡的变化。铅笔的优点在于前期起稿不会留过重笔痕，也易于用橡皮清理（图2-7）。

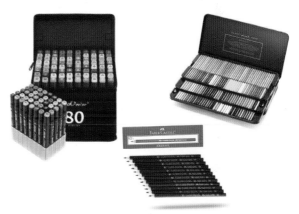

图2-6

图2-7

铅笔的线条很柔，变化丰富，同时适合设计构思性草图使用，很多设计界大师的手稿是运用传统的铅笔绘制表达的（图2-8）。

铅笔种类一般常用型号为H和B，不同型号的铅笔，画出的线条可以表现不同的质感和硬度。其中，H（hard）代表硬度，H前面的数越大就越硬，颜色越浅；B（black）代表黑度，同样，B前面的数越大，铅笔就越黑越软（图2-9）。

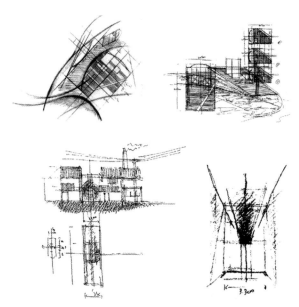

图2-8

图2-9

2.自动铅笔

自动铅笔是每个读者都非常熟悉的工具，其铅芯较细，硬度较强，较传统铅笔而言，优点是可以刻画绘画细节，用于起稿，线条清晰、洁净，效果图手绘表现一般采用0.3~0.7mm系列自动铅笔（图2-10、图2-11）。

图2-10

图2-11

3.针管笔

针管笔是手绘中最常用的勾线笔，根据笔尖的大小，针管笔可分为0.1~1.0mm等多种规格，号数越小笔尖越细。针管笔除了可以用于手绘表现的线稿表现，还可以用于精密细腻的工程制图（图2-12、图2-13）。

图2-12

图2-13

4.草图笔

草图笔常用来绘制表现方案草图，特点在于它笔尖的特殊性，可通过本身旋转不同角度或者与纸面角度的不同而画出不同粗细并丰富的线条，由于草图笔的这种特性，因此要有一定的绘画基础才能更好地掌握草图笔的使用方法（图2-14）。

图2-14

5.钢笔

钢笔也是设计师较喜欢使用的绘图工具。钢笔画是以普通钢笔或特制的金属笔灌注或蘸取墨水绘制成的画。钢笔画属于独立的画种，是一种具有独特美感且十分有趣的绘画形式，其特点是用笔果断肯定，线条刚劲流畅，黑白对比强烈，画面效果细密紧凑，对所画事物既能做精细入微的刻画，亦能进行高度的艺术概括，绘制建筑效果图与钢笔速写等均可（图2-15、图2-16）。

图2-15

图2-16

二、上色常用工具

1.马克笔

马克笔，又名记号笔，是一种书写或绘画专用的绘图彩色笔，本身含有墨水，且通常附有笔盖。马克笔的颜料具有易挥发性。常用于设计物品、广告标语、海报绘制环境手绘效果图创作等场合。可画出变化不大、较粗的线条。

想要在环境艺术设计手绘效果图表现中用好马克笔，一定要先掌握其特质，例如，马克笔的颜色偏通透，覆盖性比较差，同色相之间是没有覆盖力的，只能通过明度低的覆盖明度高的；同时马克笔也不可在画面中调和颜色，所以马克笔所能展示的效果更加直接，适合短期快速的作品。在表现效果图领域，马克笔越来越受到手绘爱好者的喜爱（图2-17）。

马克笔分为水性和油性的，水性的类似彩色笔，是不含油精成分的，油性的墨水因为含有油精成分，故味道比较刺激，而且较容易挥发。

（1）水性马克笔：水性马克笔颜色亮丽有透明感，但多次叠加颜色后会变灰，而且容易损伤纸面。水性马克笔干掉之后会耐水。但目前专业类手绘中较少使用水性马克笔。

（2）油性马克笔：颜料可用甲苯稀释，有较强的渗透力，尤其适合在描图纸上作画，颜色叠加相比水性马克笔更加柔和。在手绘表现中，油性马克笔用得比较多。

笔头特性：在手绘表现中使用比较广泛的有单头与双头马克笔。

（1）单头：一般为油性发泡形笔头，效果普遍较柔和、颜色饱和度较好，使用时间较长（图2-18）。

（2）双头：双头笔形较宽、粗细结合，容易控制和掌握，适合初学者用来练手（图2-19）。

2.彩色铅笔

彩色铅笔即彩铅，是环境艺术设计效果图绘制的常用工具，主要用于加色和勾勒线条。属炭粉状颜料，不透明、不含水、覆盖力强，可以绘制较为精致、细腻的形象，可单独使用也可与其他绘图工具结合使用，但大部分配合马克笔使用，可以使画面更加饱满。

彩色铅笔一般分为蜡质彩铅、水溶彩铅等，其中水溶性彩铅质地较细腻，可以和水结合使用，能够表现出水彩画的效果，所以在表现领域应用非常多。彩铅有24色、36色、48色等，建议同学们购买24色以上的彩铅（图2-20）。

图2-20

彩铅的优势在于可以更好地调节画面颜色饱和度，可解决马克笔笔触和颜色生硬的地方，可利用彩铅过渡。它细腻的一面，还可以刻画更多细节，表现丰富的材质肌理效果。但彩铅的不足之处是色彩不够强烈、体块感弱、色彩不紧密、画面不够浓重，不宜大面积涂色。大多数需要借助其他工具使用，这样才能取长补短。

3.高光笔和涂改液

效果图表现辅助工具，用于对物体转折处高光的提取，是效果图表现深入刻画的常用工具，使画面更具亮点。高光笔的优势可以点缀更细节的地方，但大面积提白效果较弱。这里建议购买质量较好的高光笔，提白效果会更好一些（图2-21）。

图2-17

图2-18

图2-19

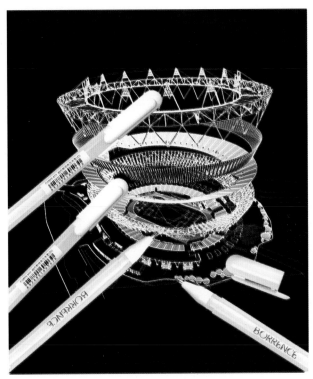

图2-21

涂改液相比于高光笔更加粗犷一些，提白效果较明显（图2-22）。

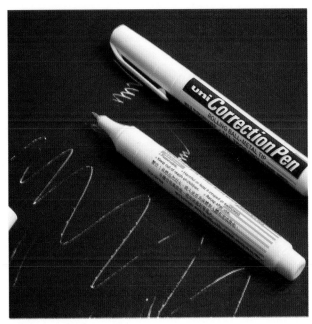

图2-22

三、纸类

手绘表现纸张的选用比较宽泛，一般应根据需要与作品要求而定。常用的有复印纸、绘图纸、速写纸、硫酸纸、草图纸、有色纸。马克笔专用纸造价比较高，初学者用得较少。

1.复印纸

复印纸是最常用的手绘绘图纸，且性价比较高。市场上一般按照克数来体现纸张的厚度，建议尽量使用80~120克为佳。其优点是价格便宜、色质白净、纸面细腻、光滑，适合硬笔线描和小色稿练习，如图2-23。

2.硫酸纸

硫酸纸轻薄、透明，可以用针管笔在上面描绘或拷贝线稿，然后用马克笔和彩色铅笔上色，在彩色平面图绘制上效果比较理想（图2-24）。

图2-23

图2-24

3.绘图纸

绘图纸的纸面与复写纸相比会厚一些，可以用其进行水粉、马克笔的反复着色，还可以运用工具刮擦出特殊的肌理效果，宜画精细风格的手绘效果图（图2-25）。

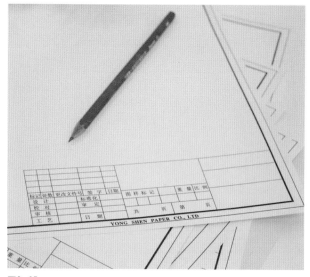

图2-25

4.有色纸

画者可以根据创作的需要选择不同颜色的纸张，画出不同意境的表现效果图（图2-26）。例如，在暖色调的有色纸上可以表现温馨、典雅的居室格调，在冷色调或浅色调的有色纸上可以表现清新、宁静的空间格调。

图2-26

5.马克笔专用纸

马克笔专用纸也是绘图纸的一种，相比普通绘图纸高档一些，吸水性强，质地紧密而强劲，无光泽，尘埃度小，具有优良的耐擦性、耐磨性、耐折性，缺点是比较贵。马克笔专用纸在上颜色的时候不会晕纸，画面鲜亮，效果更好一些（图2-27）。

图2-27

四、其他辅助工具

1.尺类

直尺、三角板、蛇形尺（图2-28）、曲线板（云尺）（图2-29）、模板（图2-30）、平行尺（图2-31）、比例尺（图2-32）等都是常用的绘图辅助工具。

2.图纸包、图纸袋、图纸夹板等

此类为图纸收纳整理工具。

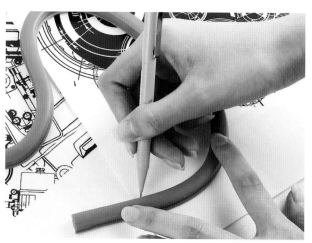

图2-28

 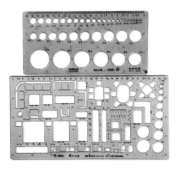  

图2-29   图2-30   图2-31   图2-32

第二节　透视基本原理及画法

1.掌握透视的基本概念及透视基本术语。

2.掌握三种透视的基本原理绘制画法及应用。

神奇的设计手稿

透视手稿的魅力在于它有生命，它带着创作者的温度，记录了思想行走的痕迹。那些令人惊叹的设计背后，究竟有哪些你不知道的事？伟大的作品在设计之初是什么样的呢？

手绘在设计中扮演着十分重要的角色，它比电脑制图更能启发创意，这就是为什么比起电脑图，大师们还是更喜爱手绘创作的原因。

密斯·凡·德·罗运用直线特征的风格进行设计，但在很大程度上视结构和技术而定。在公共建筑和博物馆等建筑的设计中，他采用对称、正面描绘以及侧面描绘等方法进行设计；而对于居民住宅等，则主要选用不对称、流动性以及连锁等方法进行设计。众所周知的巴萨罗那博览会德国馆就出自大师之手（图2-33、图2-34）。

图2-33

图2-34

一、透视的概述

1.透视概念

透视学在小的时候学几何体就接触过，不过那只是简单的皮毛，而学美术、学建筑、学设计你需要接触更深层次的透视，这也是基础性的知识。今天，我们就来讲一讲对透视的基础理解。

透视概念：透视（perspective）一词源于拉丁文"perspclre"（看透），指在平面或曲面上描绘物体空间关系的方法或技术。

2.透视的基本术语（图2-35）

在学习透视之前，先来了解一下透视的基本术语以及它们之间的关系。

画面：视点与被投射被视物体之间所设的投影面。

基线：指透视画面与放置面的交线。

视点：投影中心、人眼的位置。

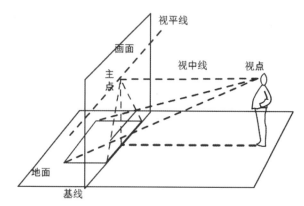

图2-35

停点：视点垂直下方放置面（基面）上的点。

视心/主点：指视中线与透视画面的交点，位于视点正前方。

视平线：由视点作出的水平线形成的视平面与透视

画面的交线。

地面：又称地平面，大地的水平面。即以站立的观测者为中心的垂直平面。

视线：由视点作出射向物体的直线。

视距：视点至透视画面的垂直距离。

视高：视点垂直距离基面的高度，在画面表示则是视平线与基面的距离。

视中线：指垂直于透视画面的视线，标志眼睛看的中心方向。

视域：固定视点所能见到的空间范围。绘画上通常采用60°视域范围作画为最佳，此范围内视觉清晰。

原线：把没有消失变化的直线段定为原线。

变线：把有消失变化的直线段定为变线。

3.透视基本分类

按照透视方向不同划分为平视、俯视和仰视。

按照透视画面与物体方位不同划分为平行透视、成角透视、倾斜透视。人们习惯上常常把平行透视称为一点透视，把成角透视称为两点透视，把倾斜透视称为三点透视。这是针对物体的长、宽、高消失状态不同的划分。

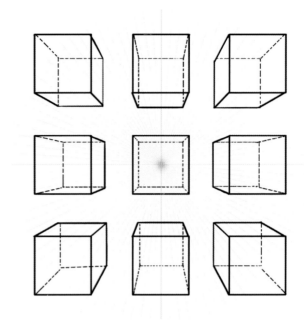

图2-36

二、平行透视原理及画法

1.平行透视概念

平行透视又叫一点透视。我们在60°视域中观察正方体，不论正方体在什么位置，只要有一个面与可视画面平行，其他与画面垂直的平行线必然只有一个主向灭点——心点。这种情况下，立方体和画面所构成的透视关系就叫"平行透视"（图2-36）。

2.平行透视特点

（1）表现范围广，纵深感强，适合表现庄重、严肃、完整、大场景、大场面的题材，也因此一般用于室内大堂空间、街道和广场空间的绘制。

（2）平行透视画法方便、快捷、简单易学、应用广泛。

（3）平行透视没有两点透视生动、灵活，且视点位置选择不好，容易形成画面呆板无趣。

在绘画与设计中，平行透视表现的范围非常广泛。一是因为它只有一个灭点，形成一个视觉中心，所以能

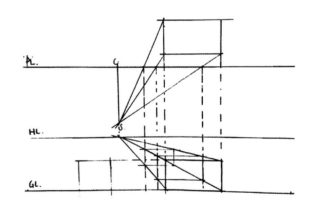

图2-37

较突出地表现主题形象；二是因为它能使画面产生平衡稳定之感、对称感和纵深感强，通常适于表现庄重、严肃的大场景或大场面题材，并为题材主题配景（图2-37）。

3.平行透视绘制方法

（1）基本空间位置

视点在物体的中心位置，是一点透视图的基本构图，有五个面，室内透视图中常用。

视点在物体下方，在室内中要描画比眼睛更高位置

的物体时所使用的透视。

视点位置在眼睛的高度时所使用的透视图。

视点在物体上方，在室内中表现比眼睛低的物体所使用的透视（图2-38）。

（2）空间平行透视图的基本画法

以一个宽4米、高3米、深5米的房间为例，室内空间透视图的作图步骤如下，设定画面中的比例为4∶3∶5。

一般画法步骤如下。

步骤一：定出视平线HL，心点CV，按比例定出宽度尺寸AB，AB线段为基线，过CV作A、B及各点的连线，确定距点D，D点CV点连线的距离等于视距（图2-39）。

步骤二：按比例作A、B两点的垂直线，AC、BD即房间的真高线，连接D点CV点、C点CV点。在AB延长线上确定O点，BO线等于一个刻度。用O连接距点D（HL线段上的D为距点）与视心CV的各透视线形成交点，作各交点的水平线与A点CV点、B点CV点连线相交（图2-40）。

步骤三：接着作垂直线、水平线，完成房间室内空间透视结构图（图2-41）。

（3）空间平行透视图的网格画法

以一个宽5米、高3米、深4米的房间为例，室内空间透视图的作图步骤如下，设定画面中的比例为5∶3∶4。

一般画法步骤如下。

步骤一：按实际比例尺确定高和宽，CABD可以假设为室内的墙，AB=5米，AC=3米。接下来确定HL视平线，高度可根据感觉任意定（图2-42）。

步骤二：确定VP点，可任意定，将A、B、C、D四点用辅助线延长相交于VP点；定M点，从M点分别与AB上的1、2、3、4点相连，可与AVP线相交得到空间的进深（图2-43）。

步骤三：画内墙过4向上引垂线与CVP交于c点，再作平行线等，可得到内墙abdc（注：M点决定了前墙距后墙的距离，M点距真高线越近前墙距后墙越远，M点距真高线越远前墙距后墙越近）（图2-44）。

步骤四：作Aa线段上各点的水平线分别与Bb线相交，分别将1、2、3、4与VP点相连，可得到地面的地

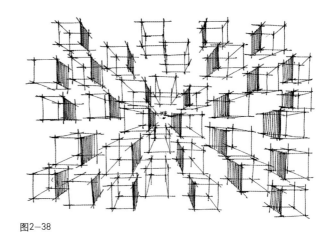

图2-38

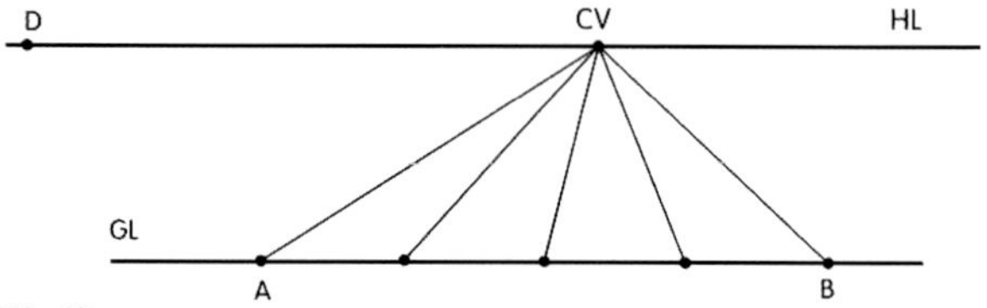

图2-39

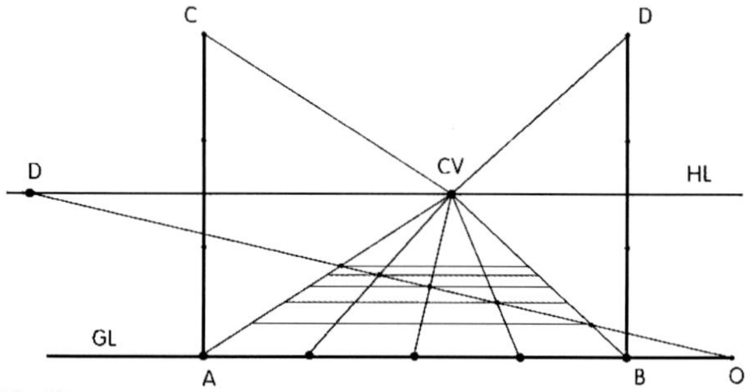

图2-40

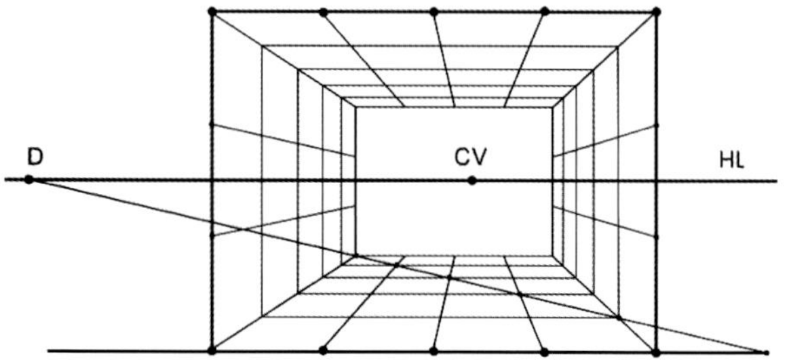

图2-41

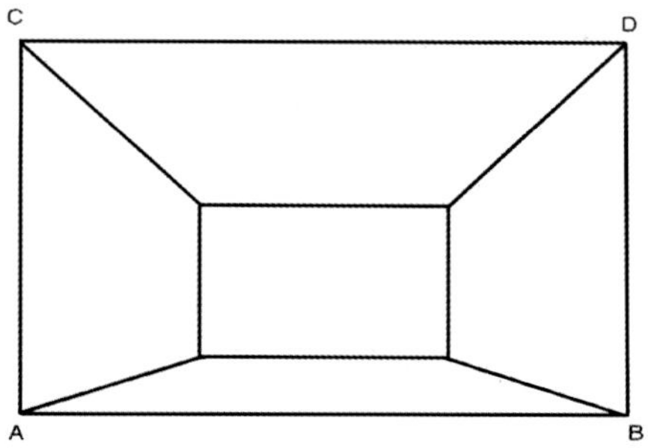

图2-42

板线（图2-45）。

步骤五：画墙面线与天花板线，过Bb线上的点向上作垂线与Dd相交，依次画直线围合到Cc与Aa线上。左右墙面与顶面分别按长度和高度的尺度连接于VP灭

点，确定网格空间（图2-46）。

以一个宽6米、高3米、深5米的房间为例，室内空间透视图的作图步骤如下，设定画面中的比例为6：3：5。

一般画法步骤如下。

步骤一：在画面中以同样的方法确定长方形框ABCD，AB=6米、BC=3米，定HL线、VP点的位置。把AB线延长到B'点，BB'线段长度为5米，得出AB：BB'为6：5（图2-47、图2-48）。

步骤二：定M点位置，从M点经过B'点画线，并与VP点向经过B点画的线相交得E点，BE线就是该建筑的透视进深（注：M点距B'越近，透视空间越大）（图2-49）。

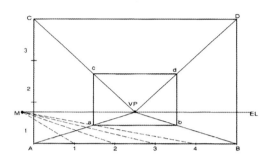

图2-43

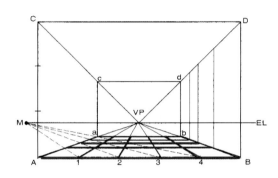

图2-44

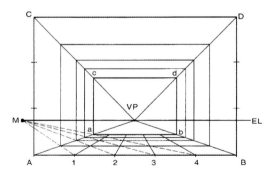

图2-45

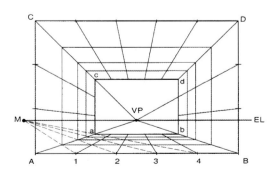

图2-46

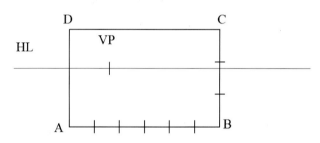

图2-47

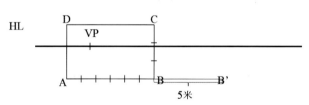

图2-48

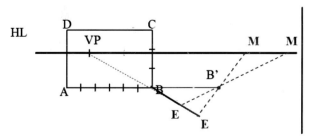

图2-49

步骤三：从E点画一条与HL线、AB线平行的线，该线与VP点经过A点的延伸线相交得F点。从E点、F点各画垂直线分别与VP点经过C、D点的线相交得G、H点，连接GH，这样建筑物的前立面墙就出来了，也就求出了该建筑物实际比例为6∶3∶5（图2-50）。

步骤四：地板网格过M点分别与BB'上的点连线并延长至BE线上得到进深的透视点（图2-51）。

步骤五：最后用同样的方法作出墙体及天花板的网格透视线（图2-52）。

4.规律总结

（1）HL线：如果想表现地面则提高HL线，如想表现天花板则降低HL线，一般HL线高度为1.5m～1.7m，画面透视较合理。

（2）VP点：表现左墙靠右定，表现右墙则靠左定。

（3）M点：距真高线距离不宜太长。

三、成角透视原理及画法

1.成角透视概念

成角透视又称两点透视，它是物体与画面形成一定的角度，物体的各个平行面朝两个不同的方向消失在视平线上，画面上有左右两个消失点的透视形式。

2.成角透视特点

（1）成角透视动感强烈，画面生动、活泼，表现范围较平行透视小，对称感、纵深感较弱（图2-53）。

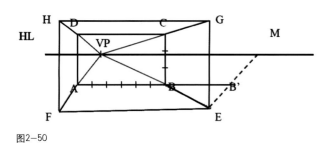
图2-50

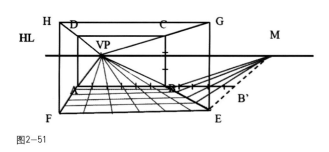
图2-51

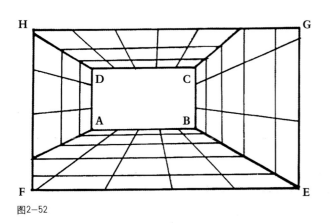
图2-52

图2-53

（2）适合表现生动活泼、丰富、复杂的场景，也适合小角度深入刻画。

（3）缺点是视点位置与角度选择不好，容易出现畸变或失重，所以两个消失点尽量不要离太近。

3.成角透视绘图方法

以一个宽4米、高3米、深5米的房间为例，室内空间透视图作图先设定画面中的比例为4∶3∶5。

一般画法步骤如下。

步骤一：按比例画出高为3米的墙角线AB（真高线），在AB上距离1.6米处画出视平线HL，并任意确定灭点VP₁、VP₂，画出上下墙线。以VP₁－VP₂为直径画半圆，交AB延长线于E₀。然后分别以VP₁、VP₂为圆心，各点到E₀的距离为半径画圆，分别交HL于M₁、M₂（图2-54）。

步骤二：通过B点作平行线即基线GL，在基线上按比例分出房间的尺度网格5000×4000，分别置于AB的左右两侧。从M₁、M₂引线各自交于左右两侧墙线。交点就是透视图的尺度网格点。通过这些点分别向左右灭点引线，即求得了该房间的透视网格，在AB上量取真实高度便可作出室内两点透视图（图2-55）。

步骤三：快速作图步骤，绘制一条水平线，确定为视平线HL，在HL线上画垂线AB，并在AB线的两侧，HL线段上左右两点确定两个灭点VP₁和VP₂，从VP₁向A、B点分别引线并延伸，同样由VP₂向A、B点引线并延伸，这样就画出了地面线及天棚线（图2-56）。

步骤四：由天棚线向地面线作两条垂线DC和EF，确定DC线和EF线位置的原则，使ABCD和ABFE在视觉上看起来像两个相等的正方形。平分AB为四等分，再通过这些等分点向VP₁和VP₂连线，与ABCD的对角线交于1、2、3点，过这些点作垂线与BC相交，从VP₂点向这些交点引线并延伸；同理求得BF线上的交点，得出一个正方体的透视网格（图2-57）。

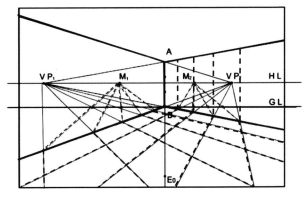

图2-55

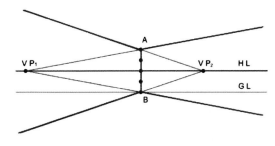

图2-56

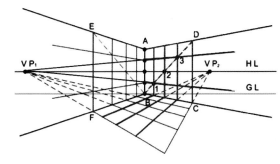

图2-57

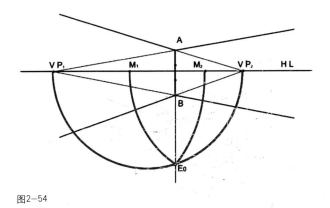

图2-54

4.规律总结

（1）视平线上左右各一个灭点（注意灭点水平高度的一致性）。

（2）视平线以上的物体透视轮廓线向下倾斜，视平线以下的物体透视轮廓线向上倾斜。

（3）水平方向上，灭点离真高线越近，物体的透视轮廓线越斜；灭点离真高线越远，物体的透视轮廓线则越平。

（4）竖直方向上，离视平线越近的物体透视轮廓线越平，越远的则越斜。

四、微角透视原理及画法

1.微角透视概念

微角透视又称一点斜透视。所谓的微角透视是介于一点透视与两点透视之间的一种透视方法，它是在一点透视的基础上表现两点透视效果的作图方法（图2-58）。

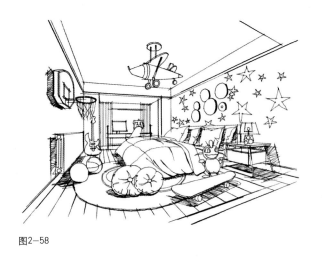

图2-58

2.微角透视特点

（1）微角透视兼具一点透视空间感强和两点透视画面生动的特点。

（2）缺点是外面的灭点位置连接远，容易出错。

3.微角透视绘图方法

一般画法步骤如下。

步骤一：确定构图及比例点ABCD，AB为4米，AC为4米，AD为3米（图2-59）。首先在纸上画出GL（基线），以左侧墙角垂线为空间高度；确定空间面宽AB=4米，进深AC=4米；同理AD高度为3米。

步骤二：确定视平线高度和两个视点位置（图2-60）。在AD空间高度上找到1500mm的点，过点作平行线，此线为视平线（HL）；点V_1在框架内，V_2在框架外。

步骤三：确定空间框架（图2-61）。首先通过V_1连接D点、A点得出左面墙线；再通过V_2与D点、A点连接得出中间墙线；在HL上框架里找到测点M_1，利用M_1过GL上4000mm点映射到墙线上得出点E，过E点作垂直线得出右侧墙线，确定空间框架。

步骤四：求取空间的宽度和进深。过M_1测出内墙点，通过V_1连接得出纵向地格；在HL左侧定测点M_2，过测点M_2与右侧4000mm的点连线测出进深透视点，通过与V_2连接得出空间进深（图2-62、图2-63）。

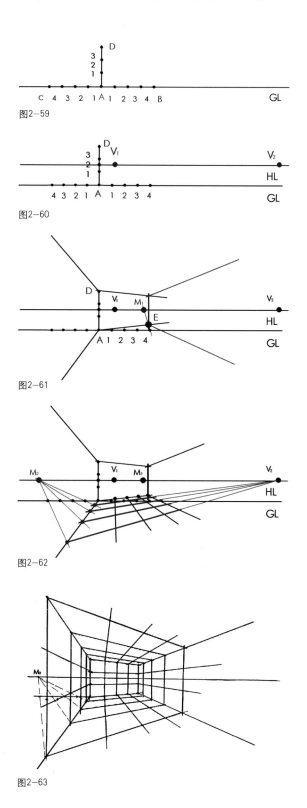

图2-59

图2-60

图2-61

图2-62

图2-63

第三节　线条基础表现

1.掌握线的特点和绘制线的基本技巧。

2.能熟练掌握运用线条绘制家具和空间的表现技巧和方法。

图2-64

理查德·罗杰斯"千年穹顶"

理查德·罗杰斯，英国建筑师。代表作有著名的"千年穹顶"，与福斯特合作设计的香港汇丰银行大楼和与意大利建筑师伦佐·皮亚诺共同设计的乔治·蓬皮杜国家艺术文化中心等。虽然饱受争议，但不妨碍他成为30年来最有影响力的建筑师之一。1991年被授予爵士头衔。

罗杰斯最知名的作品之一也是他最早期的作品：他和伦佐·皮亚诺在1977年设计的巴黎乔治·蓬皮杜国家艺术文化中心。还有2000年伦敦的千年穹顶（Millennium Dome）及2005年开放的马德里Brajas机场，继续展示了他对一座建筑纯功能要素的设计才能。他在1995年的演讲中说："在城市中，生活是最不稳定的，但也是最具有改进、干预和变化机遇的地方，这种机遇是看得见的。"（图2-64）

罗杰斯在解释他的设计意图时说："我们把建筑看作同城市一样灵活、永远变动的框架。它们应该适应人的不断变化的需求，以促进丰富多样的活动。"如图2-65，这幢建筑的最大特色是外露的钢骨结构，结合了先进的科学技术，具有灵活性、流动性以及反巴黎传统的建筑风格。建筑于1977年对外开放，这里是欧洲吸引游客最多的地方，每年大概会有700万游客前去参观，受欢迎度甚至超过了卢浮宫和埃菲尔铁塔。

图2-65

一、线条基础画法

在表达过程中，绘制出来的线条具有轻重、密度和表面质感等；在表达空间时，线条能够揭示界线与尺度，在表现光影时能反映亮度与发散方式，是初学者快速提高手绘设计表现水平的第一步。线条是有生命力的，要想画出线的美感，需要做大量的练习，包括快线、慢线、直线、折线、弧线、圆、短线、长线、连续线等。也可以直接在空间中练习，通过画面的空间关系控制线条的疏密、节奏。体会不同的线条对空间氛围的影响，不同的线条组合、方向变化、运笔疾缓、力度把握等都会产生不同的画面效果。

1.线条之窍门

（1）线条要连贯，切忌犹豫和停顿。

（2）切忌来回重复表达一条线。

（3）下笔要肯定，切忌收笔又回笔。

（4）出现断线，切忌在原基础上重复起步，要间隔一定距离后继续表达。

（5）表现切忌乱排，要根据透视规律或者平行与垂直表达。

（6）画图的时候注意交叉点的画法，线与线之间应该相交，并且延长。

（7）在画的过程中线条有的地方要留白、断开。

（8）画各种物体应该先了解它的特性，是坚硬还是柔软的，便于选择用何种线条去表达（图2-66）。

我们可以用不同的笔、不同的力度、不同的角度来体验不同的线条效果。同时，我们在训练的过程中还要悉心体会不同的笔在纸张上所表现出来的不同变化。进行大量的线条训练，就是为了使我们在未来的设计工作中对线条的曲直、方向、长短、起收等具有良好的驾驭能力（图2-67）。

2.绘图姿势

练习的时候，坐姿对于练习手绘来说至关重要，保持一个良好的坐姿和握笔习惯，对提高手绘的效率是很有帮助的。一般来说，人的视线应该尽量与台面保持一个垂直的状态，以手臂带动手腕用力（图2-68）。

图2-68

3.直线

（1）直线分类

一般我们把直线大致分为两大部分，一个是快线，一个是慢线。

①快线：如图2-69，快线主要强调线的表现力，优点是具有极强的视觉冲击力，画出的图更加硬朗、富有灵动性，且用笔潇洒自如。但快线较难掌握，需要大量的练习才可出现效果。

②慢线：相比于快线更具独特魅力，画慢线时，越慢手就会不自主抖动而形成独特的波浪效果，虽然线条看起来上下波动，但是非常平稳，也易于掌握。是设计师都很喜欢的一种手绘的表达方式（图2-70）。

这两种线各有千秋，可以分开使用也可以结合使用，目的都是为了使画面更加富有表现力，大家可以根据自己的喜好来选择运用（图2-71）。

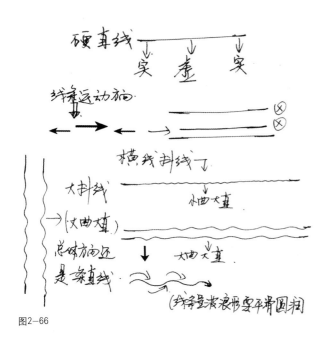

图2-66

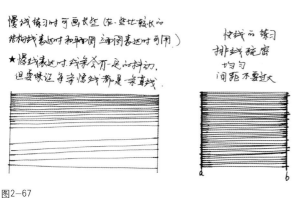

图2-67

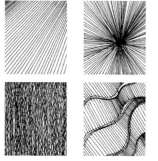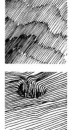

图2-69

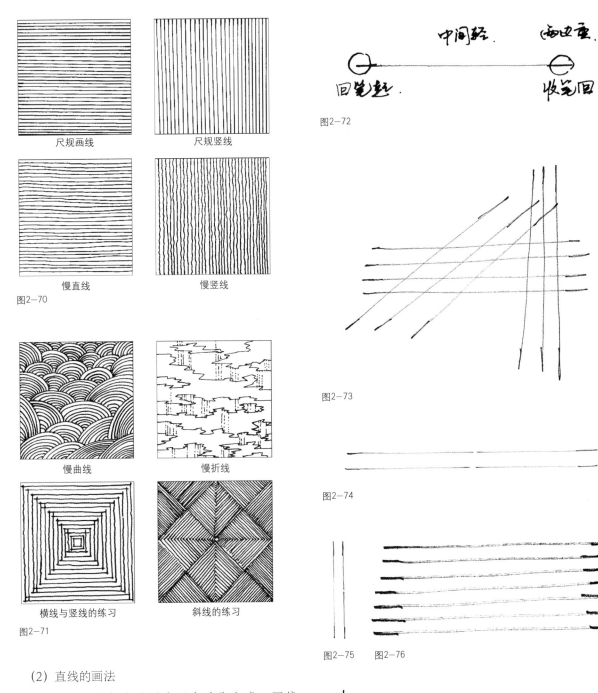

尺规画线　　　　　　　尺规竖线

慢直线　　　　　　　　慢竖线

图2-70

慢曲线　　　　　　　　慢折线

横线与竖线的练习　　　　斜线的练习

图2-71

图2-72

图2-73

图2-74

图2-75　图2-76

图2-77　　　　图2-78

（2）直线的画法

①直线的画法大致需要分三个动作完成：回线起笔、匀速运线（借助小臂拉线）、收笔回线，线条由于回线所以首末端稍重，中间稍轻（图2-72、图2-73）。

②如果是过长的直线可以采取中间断开的方式继续画。竖线一般较横线难画，一般容易画歪，为确保不画歪，也可以采取分段式处理。保持画线距离尽量等大均匀（图2-74~图2-76）。

③相交直线起笔间出头，它决定了线的美观，就像图2-77一样，在练习线时要保持平常的心态，手要放松，保持线条的流畅，每条线之间自然交叉，避免线过紧相接和不相接的情况（图2-78）。

④初学者在训练初期会出现一些错误的画法，我们总结以下几点，希望引起注意。

第一，起笔时过于强调顿笔效果，导致效果过于刚硬而形成黑点，应自然放松地出笔和回笔（图2-79）。

第二，出线时线不可在中间来回重叠，导致线出现毛躁的边缘而给人一种不够肯定和不自信的感觉，且笨拙、不灵活（图2-80）。

第三，本想一步到位的快线突然放慢速度变成颤线，前半部分灵活，后半部分松软，不在一个层面上，这也是因为信心不足导致的（图2-81）。

图2-79

图2-80

图2-81

4.曲线

曲线是学习手绘表现过程中重要的技术环节，曲线使用广泛，且运线难度高，在练习过程中，熟练灵活地运用笔与手腕之间的力度，可以表现出丰富的线条（图2-82）。

图2-82

5.自由线

效果图中除直线和曲线外剩下的都属于自由线，一般用在植物、材质线等特殊纹理的地方我们应该进行特殊处理。自由线运笔随意，所以可随物体形态而自由变换状态（图2-83）。

图2-83

二、线条组合画法

1.均匀排线

均匀排线讲究线一定要坚持水平、垂直、间距相等的原则，同时要保证线条粗细一致，边缘齐整，初学者开始阶段可放慢速度，慢慢找到距离和边缘（图2-84）。

（1）均匀直排线（图2-85、图2-86）。

（2）均匀曲线排线（图2-87）。

2.面的排线

面的排线是很多单线条通过组合排列形成的渐变效果，这就要求初学者对线条的属性要有一定的把握能力，全方位地控制线条才能达到最终的效果。

面的排线总体是"疏密"和"点线面"的原则，可根据渐变绘制线由疏到密、由密到疏，由密集的线形成线面渐变到线再到消失点。

单纯地通过渐变过渡略显乏味，我们可以通过"Z"字和"N"字的画法来缓解乏味，也显得画面更加灵动（图2-88）。

不规则面中需要顺着形体本身进行排线，可以排出更加美观的效果（图2-89）。

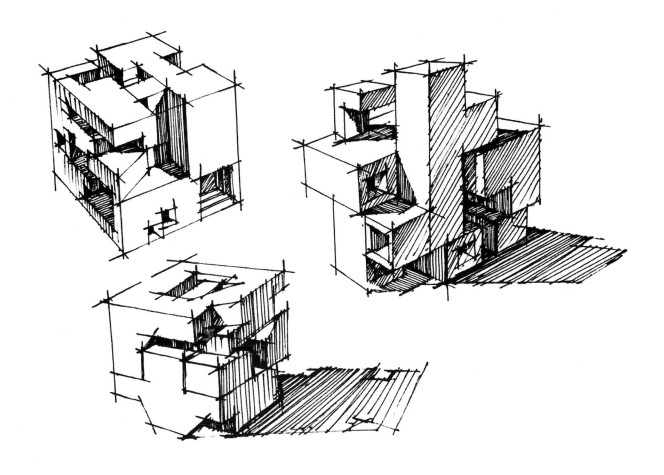

图2-84

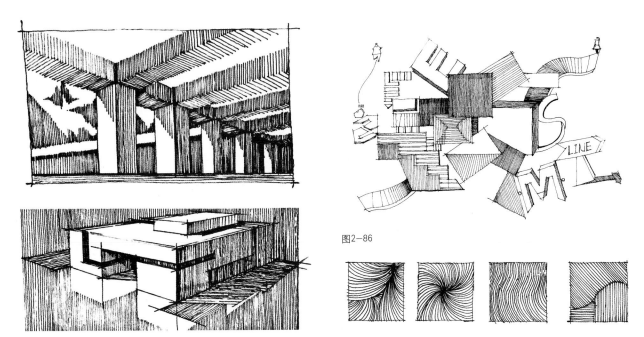

图2-85

图2-86

图2-87

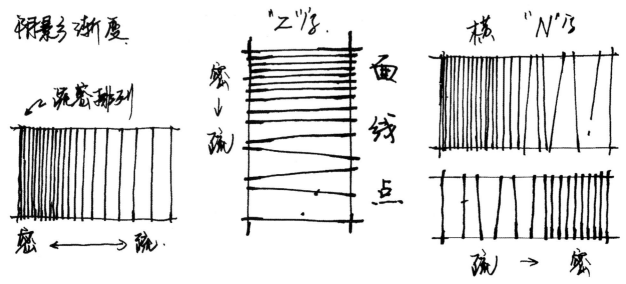

图2-88

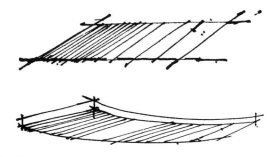

图2-89

3.排线中的问题

在面的排线中，初学者经常会遇到像图2-90的问题。图例中的排线长短不一，大部分线的收尾没有和边线相交，这样会削弱画面整体感，而在排线不完整的情况下去补笔，会显得块面更加混乱。

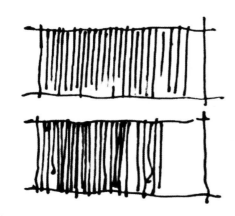

图2-90

三、线体块画法

1.线体块关系

进行体块训练的第一步就是要掌握一点透视和两点透视，了解透视原理。平行六面体的主向轮廓线只有一组是变线，因此只有一个灭点。练习一点透视的体块排列、体块交错以及体块的综合交叉。

（1）方体的练习

生活中我们身边的很多物体都可以用方体来概括，所以无论是要画好单体还是空间都离不开方体的基本练习，练习线的同时也可以准确地衡量形体之间的尺度感（图2-91）。

（2）体块排列组合表现训练

单体的组合可以进行队列表现训练、阵列表现训练、交错表现训练、穿插表现训练、变形表现训练。这些可以帮我们形象地树立概念性的空间思考意识，建立对物体、空间、建筑造型的初级理解（图2-92）。

2.体块明暗关系表现

在手绘效果图中体现物体的立体感与素描不同，素描的阴影排线是通过线条之间的叠加来实现物体的黑白灰，但手绘中，物体的立体感更多是运用简洁和概括的单线排列来表达明暗关系，这样才能体现出手绘效果图快速表现的特点（图2-93、图2-94）。

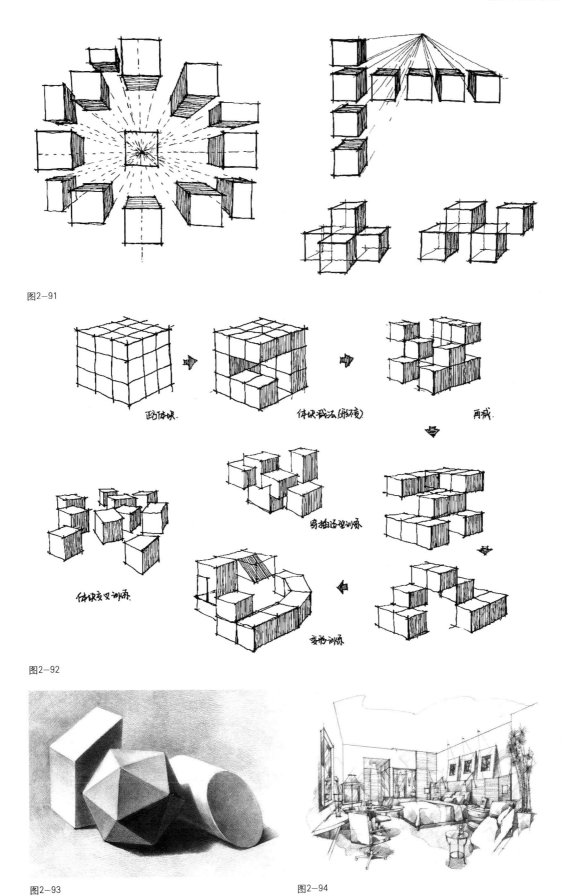

图2-91

图2-92

图2-93

图2-94

（1）方体的明暗关系表现

物体的明暗关系是物体受到光照的结果。当物体受到光线的照射时就会产生明暗层次。所以先确定光源方向，然后找到明暗交界线，分布着黑白灰的面，利用线的疏密和渐变效果分出物体的亮面和暗面。

通过每个面排线覆盖的密度来塑造立体效果（图2-95）。暗部排线覆盖率在80%～90%（密）；灰部排线覆盖率在50%～60%（疏）；最后亮部排线覆盖率在0～20%，这样排线就可以拉开空间了。

排线的方式可以有很多种，可根据喜好选择自己最舒服的体块排线方式（图2-96）。

图2-97

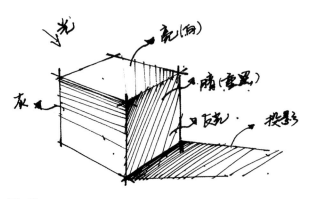

图2-95

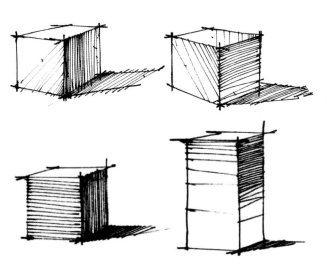

图2-96

（2）圆柱的明暗关系表现

圆柱体的绘制，要注意围绕明暗交界线的位置展开排线才能将圆柱体画圆（图2-97、图2-98）。

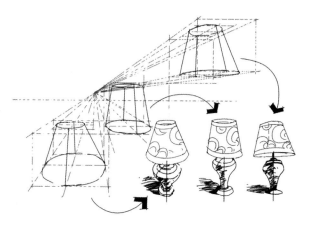

图2-98

（3）综合体块明暗关系表现

明暗交界线是有虚实变化的，接近光源的地方色调重，远离光源的地方色调浅。影响明暗交界线形状的除了光源，重要的还有物体的结构，最重要的就是排线要按照物体的体块进行排列（图2-99～图2-101）。

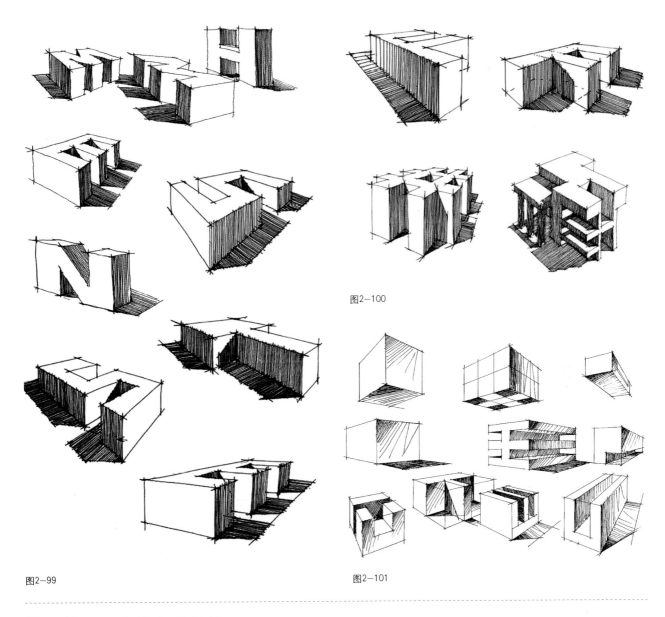

图2-100

图2-99

图2-101

第四节 马克笔表现技法

1.掌握马克笔的特点与排笔技巧。

2.能熟练运用马克笔的上色技巧合理搭配色彩。

设计表现助手——色彩

设计师对于色彩的理解更加不同于常人，因为色彩能够最直接地展示设计师的想象力，颜色可以表现空间一定的体量或施工上的细节，它还可以提供情感或视觉上的效果。

阿尔多·罗西是当代建筑界知名的建筑师。他出生于意大利这个浪漫的国度，大学毕业后从事设计工作，做过建筑杂志社的编辑，当过教授。1966年出版著作《城市建筑》，将建筑与城市紧紧联系起来，提出城市是众多有意义的和被认同的事物（urban facts）的聚集体，它与不同时代不同地点的特定生活相关联。他是一个多产的建筑师，在自己的建筑创作中爱用精确简单的几何形体，但与此同时，他的设计作品都要运用丰富的色彩效果图展现出来（图2-102～图2-104）。

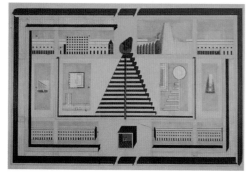

图2-102

图2-103

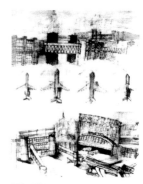

图2-104

一、马克笔的特点

1.马克笔概述

马克笔是一种较现代的绘图工具，具有使用和携带方便、作画速度快、色彩透明鲜艳等特点，但它却不适合较长期或深入作图，虽然能画出较完整的作品，但它更多用于快速表现图和多种方案比较及现场出图等。马克笔能够更好地辅助我们表达出更直观的设计想法，同时对色彩的学习也有利于培养我们在环境空间中运用色彩的能力（图2-105）。

图2-105

2.马克笔特点

（1）使用方法简单

在环境艺术设计手绘中，上色工具一般会选择马克笔、彩铅等，因为其最方便、最有效，因马克笔有成型的、固定的颜色，不需要像水彩、水粉等工具需要有调色的过程，所以初学者经过短时间训练更容易上手（图2-106、图2-107）。

图2-106　　　　　　图2-107

（2）相比其他工具更加直观

马克笔、彩铅等工具上色特点是上色迅速、用笔概括生动、色彩鲜明、有一定的艺术性和趣味性。所以我们在与甲方或者客户沟通时，非专业的他们更容易接受明快、视觉冲击力强的画面。马克笔手绘相比水彩要更直观和容易被人接受。

（3）携带方便

在与客户进行沟通时，设计师可将针管笔、几支常用马克笔等绘制工具随时携带，以便讨论方案时可以以最快速的方法传达给客户，这是电脑等一些工具目前无法达到的部分。它能够直接、直观地反映设计师的专业水平，能够体现设计师的综合素质，提升客户对设计师专业能力的信任（图2-108）。

图2-108

3.马克笔常用色谱

建议可以采用多种品牌的结合，不同品牌同一色号也会有所区别，有些品牌的马克笔略灰，不够饱和，而有些品牌的马克笔的特点是颜色鲜亮、灰色较全等，所以可以互补，综合运用。

马克笔不可调色，灰色系一定要成体系，便于上色时的衔接和过渡。纯度很高的颜色用于点缀画面效果，建议少用，可用彩铅代替（图2-109）。

（1）建议色谱

（2）灰色调色谱

蓝灰色系：BG1 BG3 BG5 BG7 BG9

绿灰色系：GG1 GG3 GG5 GG7 GG9

冷灰色系：CG1 CG3 CG5 CG7 CG9

暖灰色系：WG1 WG3 WG5 WG7 WG9

温馨提示：建议初学者在购买马克笔的同时做一份色卡，以便更快速、更准确地找到所选择的马克笔颜色。

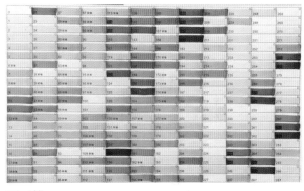

图2-109

二、马克笔点、线画法

在运用马克笔之前我们要先了解马克笔笔头形态，根据笔头角度不同来绘制不同状态的笔触（图2-110）。

1.平移

平移是马克笔绘画中最常用的笔法之一，利用马克笔最大的面进行平铺，颜色饱满，适合表现面（图2-111）。

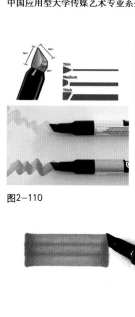

图2-110

图2-111

图2-112

图2-113

图2-114

图2-115

2.线条

变换笔头方向，用马克笔另一个面可以画出较细线条，线条一般与平移搭配使用，主要用于表示颜色过渡（图2-112）。

3.细线条

笔头转换较细的方向，用顶端可以画出纤细的线条（图2-113）。

4.最细线条

利用马克笔尾端可画出最细线条，可用于细部刻画（图2-114）。

5.点

马克笔技法中点的画法比较灵活，一般用于颜色过渡、一些特殊材质的装饰，特别是常用在植物刻画上。在点画法上首先要保持点的完整性，切记不是阵列式画法，而是运用马克笔的旋转达到不同方向去绘制，以"以点带面、疏密得当"的原则排点（图2-115）。

6.扫笔

扫笔是指笔触在纸面上留出一条过渡的"尾巴"。这种技法多用于处理画面的边缘和需要柔和过渡的区域。扫笔基本上都选择浅颜色的马克笔，常用于地面的绘制，多与彩色铅笔结合使用（图2-116）。

7.斜推

斜推的笔触与平移有些相似，主要是用来填充菱形区域的颜色，或用于透视感较强的地面等（图2-117）。

8.蹭笔

蹭笔的笔触指将笔压在纸面上，快速来来回回地移动，从而进行填充的绘画方法（图2-118）。

图2-116

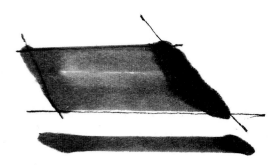

图2-117

图2-118

三、马克笔面画法

1.单行马克笔排线

（1）直排线

马克笔排线是效果图中最常用的手法之一，画面的大部分面都是由排线来完成的。排线时需要注意运笔要肯定、快速。需要多加练习保证排线边缘齐整，线
与线之间距离相等并略压一点显示出笔触的痕迹（图2-119）。

（2）斜排线

斜排线需要根据所画物体的形态而选择运笔方式，比如一些菱形的地方和带透视的地面或者是建筑、物体投影底面等。可以通过调整笔头方向角度来绘制不规则的面（图2-120）。

（3）线面结合

线面结合画法是面排线另一种画法，主要用于颜色过渡，使其更加自然，也可以缓解单面排线的乏味。与线稿排线方式类似，有"疏密"和"点线面"的原则，可根据渐变绘制线由疏到密、由密到疏，衔接地方可以通过"Z"字和"N"字的画法来缓解乏味的过渡，显得画面更加灵动（图2-121）。

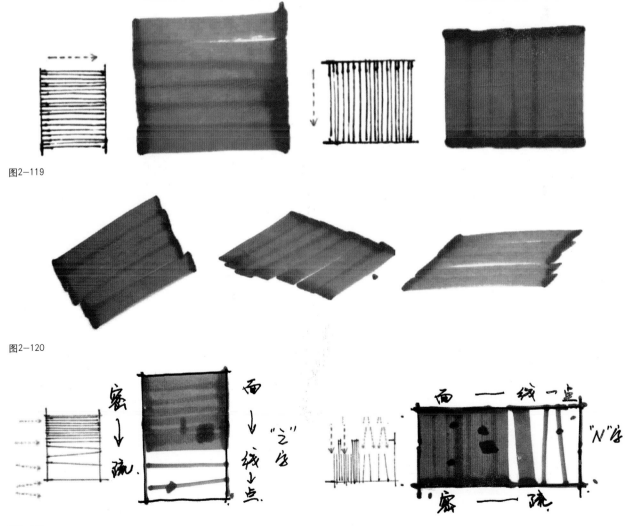

图2-119

图2-120

图2-121

2.叠加马克笔排线

叠加法即在色彩平涂的基础上按照明暗光影的变化规律，重叠不同种类色彩的技法。叠加技法应用非常广泛，它常与平涂相结合，在平涂的基础上叠加色彩和笔触，这样既能让所表现的对象色彩丰富、形象活泼生动，同时可以通过制造逐步加深的明度关系将光影关系明确化，更接近现实。马克笔表现叠加技法主要有同色叠加、深色叠加浅色、不同颜色混合叠加等（图2-122）。

马克笔叠加方法：由浅入深、保留层次，颜色最多叠压3层或偶尔4层，不宜过多（图2-123）。

叠加排线在效果图中应用需要具体情况具体分析，随形而上，自然渐变。笔触的叠加能使画面色彩丰富，过渡清晰。为了强调更明显的对比效果，体现丰富的笔触，我们往往会在第一层颜色铺完后再叠加一层（图2-124）。

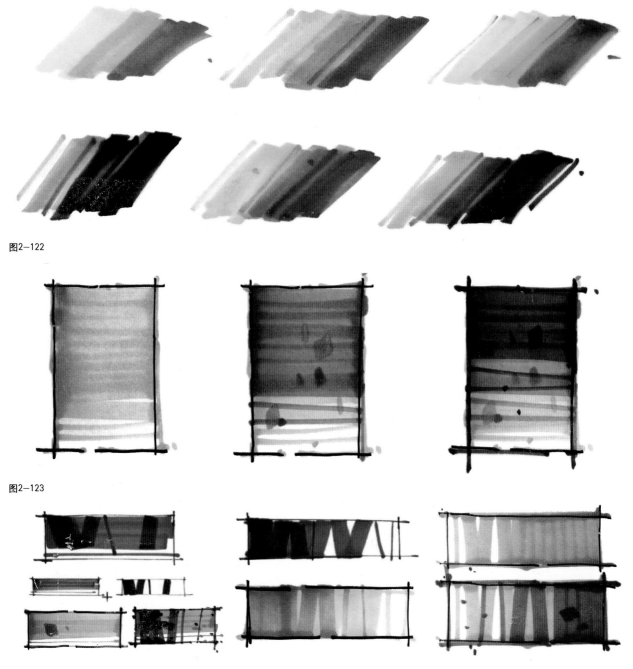

图2-122

图2-123

图2-124

3.彩铅排线

彩铅笔触排列特点与铅笔差不多，要有方向，有秩序，不凌乱。但是也有一些值得注意的地方，彩铅斜向排笔的时候居多，但是也有横向和竖向排笔，但是无论什么方向，都要注意笔触要整体统一、间距相等、渐变自然。使用时，要将笔尖削尖、干脆利落地使用，千万不要画得过腻。彩色铅笔在手绘效果图表现中多与马克笔结合使用（图2-125、图2-126）。

图2-125

图2-126

四、马克笔体块画法

1.方的体块

很多空间和物体都可以用方体来概括，所以我们首先要了解光源的位置方向，通过光源的照射掌握方体的黑、白、灰关系，明确明暗交界线的位置，有利于体块关系的塑造（图2-127）。

2.体块组合

体块组合的笔触排列也要按照透视变化来，受光面、发光面笔触更加明显。注意体块和体块之间的联系和投影的变化。用一支到三支马克笔塑造出明暗关系、黑白灰关系是马克笔组合体块的常见练习方法（图2-128）。

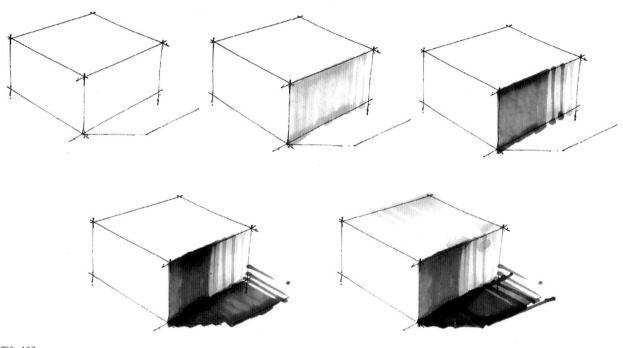

图2-127

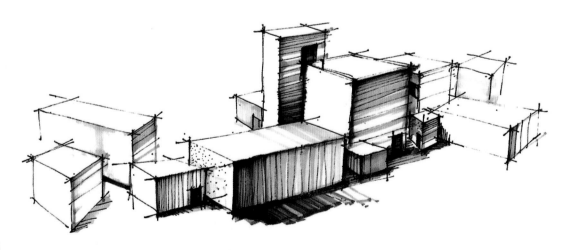

图2-128

3.空间体块转换

对基础体块充分掌握后，就要进入立体造型与基础空间形态的学习领域；在学习了透视原理之后，以此来理解造型与空间构成的关系，训练对立体形态进行构思的能力，建立立体形象思维框架。颜色搭配、用笔的轻重、笔触次数的叠加都直接影响设计方案的表达效果（图2-129）。

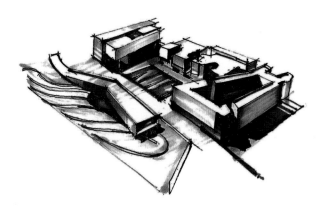

图2-129

本章总结

本章针对环境艺术设计表现技法中的基本相关知识进行讲解，从工具类别、特点及用法的介绍到透视基本原理和绘图方法、基础的线画法、面及体块的画法、马克笔的线、面和彩铅结合的技法，并通过效果图作品表现技法等知识点的学习，使读者清晰了解并掌握了环境艺术设计效果图的手绘表现技法，通过基础表现方法运用到各专业和设计中去。

本章关键词

原理概述　透视分类　体块训练　基本绘制步骤
线条弹性　线的交错　线的层次　技法运用

练习题

◎ 【课后练习一】

理解手绘基础表现中透视、线稿及马克笔的画法及技巧，并在手绘表现过程中融会贯通，在实践中加以灵活运用（图2-130、图2-131）。

◎ 【课后练习二】

运用所学知识概括性地绘制一幅空间手绘作品。

要求：

1.透视运用准确、构图合理美观。

2.线条表现有疏密和节奏变化，具有一定的艺术表现力。

3.运用马克笔或者彩铅，上色技法熟练，色彩关系协调合理。

推荐阅读

1. 杜健,吕律谱 . 30天必会室内手绘快速表现 . 武汉：华中科技大学出版社，2013.

2. 李鸣,马光安 . 室内设计手绘表达教学对话 . 武汉：湖北美术出版社，2013.

图2-130

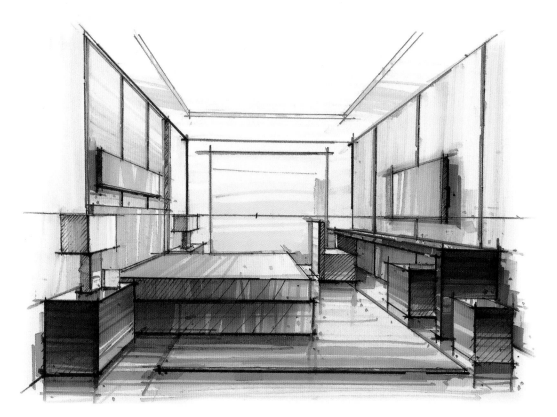

图2-131

「 第三章　室内空间手绘表现」

本章讲述了室内空间手绘表现技法的基本知识。室内设计工作中，设计师的日常创作素材积累、设计项目前期概念表达、手绘表现的形式以及设计项目最终的艺术效果表现，都需要室内空间手绘表现的基础。本章将系统地进行室内设计创作过程中手绘表现的知识内容讲解。

第三章 室内空间手绘表现

梁思成每张手绘都是艺术品

梁思成（1901—1972），毕生致力于中国古代建筑的研究和保护，是建筑历史学家、建筑教育家和建筑师。他系统地调查、研究、整理了中国古代建筑的历史和理论，是这一学科的开拓者和奠基者，积累了大量中国古代建筑的珍贵资料，对中国古代建筑、古代艺术发展、特征和成就进行过系统和深入的研究。他为中国建筑做出的贡献不可估量，一生致力于保护中国古代建筑和文化遗产。他编写的《中国建筑史》是第一部真正意义上中国人编写的本国建筑历史。他不仅发现中国古建筑的美，还用专业数据来分析古建筑。这些材料在今天仍非常宝贵，尤其是他极为珍贵的手绘图稿，为保护当地古建筑做出了贡献。他的手绘图精美无比，每一幅图都可以当作一件杰出的艺术品来欣赏（图3-1、图3-2）。

图3-1

图3-2

第一节 室内空间家具陈设手绘表达

1.掌握家具单体线稿绘制。

2.掌握家具单体上色的表现。

3.掌握室内空间家具陈设的手绘表现。

古代文人家具设计师

李渔（1611—1680），字谪凡，号笠翁。浙江兰溪人，生于南直隶雉皋。明末清初文学家、戏剧家、戏剧理论家、美学家。他设计了明末黄花梨高束腰带小炕桌（图3-3）、明末黄花梨带座无栏膛圆角柜等举世闻名的家具。

李渔的家具设计理念绝对是以人为本的，在几案床榻、箱笼橱柜当中，能看得出是根据人的舒适度来考虑的。移居南京后，因南京天气炎热，又恰逢百年不遇的酷暑，他就发明了凉杌这件对抗酷暑的家具。下面着水，其冷如冰，热复换水，水止数瓢。其不为椅而杌者，夏月不近一物，少受一物之暑气，四面无障，取其透风。他对生活观察独到细微，以实用的设计观为基础，强调了家具设计原理要实用、设计和制作要简易实用，符合大多数人的要求。他极力强调实用性、生活化的艺术观念，鼓励艺术与生活的互动。在他眼中，生活的各个方面通过艺术实现了高度和谐统一。

年轻的设计师也要在平时的生活中对设计满怀深情，把好的创意展现在人们眼前，拥有李渔这样对生活的热情方能创造出这般家具。

图3-3

一、单体家具绘制讲解

单体家具是构成室内空间的基本元素之一，在设计中，根据室内的整体风格来选择与其搭配的家具组合，是完成室内空间的重要组成要素。我们在绘制空间之前必须要对单体家具进行分别练习，掌握各种家具风格和形态变化，从练习单体家具逐渐到练习组合家具，加强形体的组合训练。

1.室内沙发的线稿表现要点

在绘制之前，可以把沙发归纳成一个几何形体，通过这种形体变化绘制沙发的特点；在绘制过程中，要做到"笔走纸面、体在心中"。

确定沙发的形体（图3-4）。注意长、宽、高之间的比例（图3-5）。注意沙发靠背、扶手以及座椅的高度，比例准确（图3-6）。

2.室内茶几的线稿表现要点

在家居空间中常用的茶几形体为方形、矩形两种，并且形体相对比较矮小，有的茶几形体为两层，所以在体块中的演变是将茶几的外形深化和变形，透视关系会更加准确，然后在这个基础上去搭配软装配饰和生活摆件。

确定茶几的形体（图3-7）。注意长、宽、高之间的比例（图3-8）。注意阴影与材质的画法，如木质、大理石、玻璃等常见的表现形式（图3-9）。

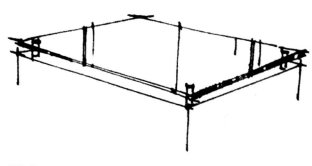

图3-7

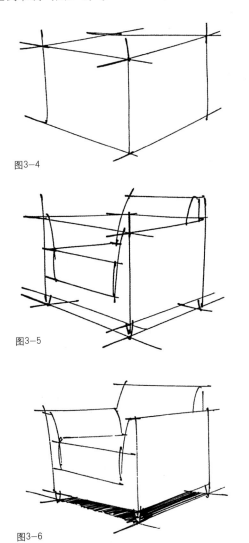

图3-4

图3-5

图3-6

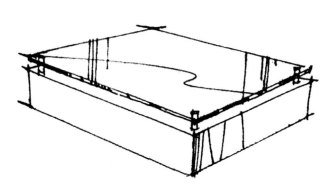

图3-8

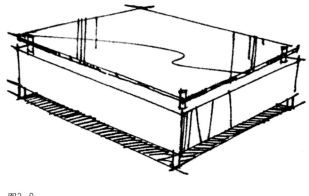

图3-9

3.室内椅子的线稿表现要点

椅子的绘制方法和沙发大致相同，都是先概括成几何形体，然后在此基础上进行细节的绘制，这样才能准确地把握其造型。

确定椅子的形体，用单线画出椅子的靠背、扶手和椅座大体的位置（图3-10）。注意长、宽、高之间的比例（图3-11）。注意深入刻画细节、添加阴影效果（图3-12）。

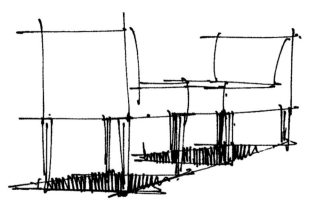

图3-10

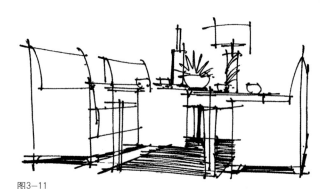

图3-11

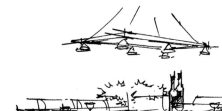

图3-12

4.室内床的线稿表现要点

床的形体较大，透视角度更是关键，可先画出其投影，然后画出高度将其归纳成几何形体。画床时还要注意床单布褶的效果，以及其他部位的细节和阴影。

确定物体的视平线和消失点，明确其透视属性，确定床的高度、宽度等（图3-13）。将物体画出局部细节和阴影关系（图3-14）。深入刻画表现物体的材质和细节，如柔软的床单和笔直的藤木结构床架（图3-15）。

图3-13

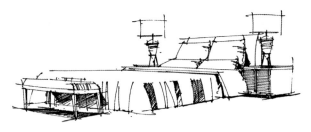

图3-14

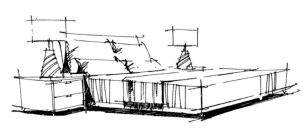

图3-15

5.室内洁具的线稿表现要点

室内洁具在表现上，要先了解其功能、结构特色，根据其材质的不同选择不同的表现方法，在造型上要求准确，不做夸张表现，以写实表现为主即可。

确定洁具的形体，用单线画出并绘制阴影（图3-16）。表现上注意其质感仔细刻画，多为陶瓷、五金材质，在刻画时用笔一定要干脆利落（图3-17）。

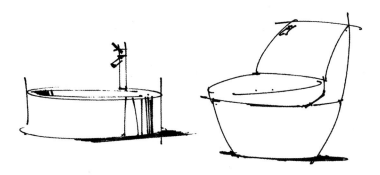

图3-16

图3-17

6.室内靠垫的线稿表现要点

靠垫在室内空间中必不可少，在绘制过程中主要抓住其形态的特点，如抱枕材质有布艺类（棉、麻等）、皮艺等。

注意靠垫的左右弧线为斜线，多用柔软的线条表现，少用硬朗的线条（图3-18、图3-19）。注意绘制抱枕图案时，要随其形态来画（图3-20、图3-21）。

二、室内上色注意事项

室内上色与室外景观是有区别的，室外讲究的是随意和流畅，室内空间则讲究严谨，大部分的元素是规整的几何形体，室内空间元素上色时注意明暗关系、光影的材质、色彩的搭配等。

1.室内沙发的上色表现

在进行马克笔上色时，首先分析好形体的结构、主要的受光方向、物体的素描关系，抛开材质、环境色等复杂因素，素描关系是物体合理存在的基础。以黑、白、灰三个色阶进行绘制，在把握好明暗关系的基础上，对光源色以及环境色等其他因素进行绘制（图3-22）。

图3-18 图3-19

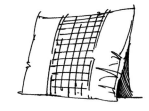 

图3-20 图3-21

图3-22

2.室内茶几的上色表现

室内茶几多以木质与玻璃材质为主，所以我们在上色时应该注意木质与玻璃材质要如何表达清楚，再选择材质的基础，我们还应考虑到茶几的光源关系，亮部、灰色、暗部三面的转折关系（图3—23）。

3.室内床和桌椅的上色表现

床和桌椅的上色较重要的是布艺的表现，在表现布艺时，我们应特别注意布褶之间的前后关系、阴影关系以及周围物品颜色的搭配；注意床单布褶的效果以及其他部位的细节和阴影（图3—24、图3—25）。

图3—23

图3—24

图3—25

4.室内洁具的上色表现

室内洁具材质多以大理石、玻璃、金属材质为主，这些材质最明显的共同特点就是表面光滑，反光性强。所以我们在进行马克笔上色的时候要把颜色画得干净，在排笔的时候要多用竖线排笔的技法来表达反光的材质（图3—26）。

图3—26

5.室内靠垫的上色表现

靠垫抱枕多以布艺、皮艺为主，上色时应该注意材质的表现，抱枕上面的花纹在上色时应该考虑布褶以及前后的转折关系等（图3-27、图 3-28）。

图3-27

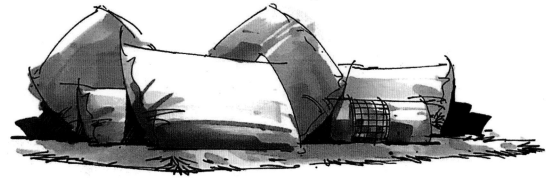

图3-28

第二节　一点透视效果图表现

1.掌握一点透视线稿的画法。

2.掌握一点透视上色表现。

透视是欺骗眼睛的视觉艺术

巴黎有一座公园，运用视觉特定的角度，将草地设计成一个地球的形状，从这边望过去，就好像是一个立体的地球（实际上不是），是不是很神奇呢?

设计是由法国艺术家Franois Abélanet运用3D错觉的概念来进行创作的，为的就是要凸显保护环境的议题，邀请人们一同思考大自然在我们生命中所扮演的角色。其实，这是采用了透视的原理，利用人眼感知的错觉，让人们对物体和周围的环境产生了错误判断。错觉也是在特定条件下产生的对客观事物的歪曲知觉，也是透视表现的一种，而艺术家就是通过这种错觉的透视效果把图画当成是实际生活。这一种世界权威视觉艺术也来源于透视学，错觉的艺术给我们带来了巨大的视觉冲击，对艺术的审美价值达到更大的认可，并在艺术中创造美（图3-29、图3-30）。

图3-29

图3-30

作为第一个整张效果图的练习，在注意透视的同时，还要注意物体摆放的位置和比例关系。在定铅笔稿的时候，可以先把物体投放地面上的阴影定准。本书第二章节中详细讲解了用定地格的方法确定物体的位置和比例，这种方法比较准确，但相对于大空间效果图略显呆板。所以，可以采取尺规和徒手线相结合的画法来绘制空间效果图。

一点透视的客厅效果图画法步骤解析。

图3-31

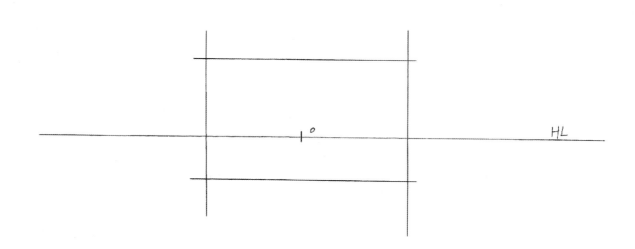

图3-32　步骤一：根据参考效果图，运用一点透视原则，大致画出内墙体宽和高，然后定出视平线和消失点，画出消失点方向在构图的中心偏左一点，画图的时候，视点要尽量压低，定在墙体高度三分之一的位置。消失点的选择决定了绘制者在画面中所要重点表现的物体。

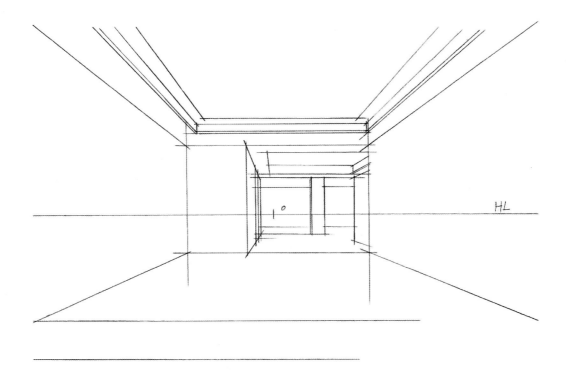

图3-33　步骤二：一点透视比较适用于表现进深较大的空间场景，画面中墙体及天花的高度需要按照比例准确地表达出来。首先画出空间的进深和墙体天花的厚度，要注意大的透视关系，尺度比例要准确，线条要流畅，富有变化。

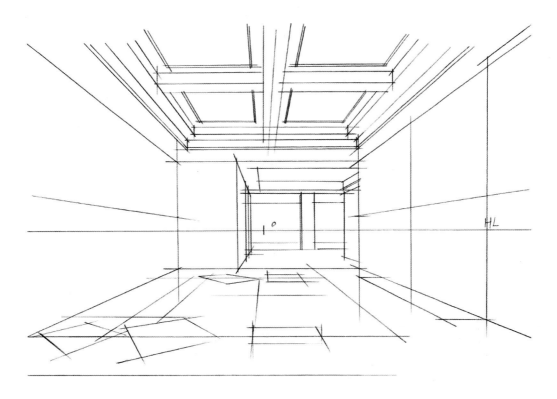

图3-34　步骤三：再画出空间各个面的中线和地面阴影位置线，根据效果图画出家具的地面投影。注意表现画面的光影关系、体量关系。天花按透视比例分割出体块，从局部到整体绘制，再由整体到细节反复刻画，掌握好空间内地面、墙体、家具之间的空间关系。

图3-35　步骤四：根据地面投影结合参考图，采用尺规和徒手线相结合的方式大概勾勒出物体的轮廓，画线时一定要按照线的透视关系来勾勒。加重前景家具，调整画面。

图3-36　步骤五：在所有铅笔草稿的基础上，利用针管笔、尺规等对铅笔稿进行描绘，画的时候要适当调整原始铅笔稿的误区，及时更正以达到较好的效果。深化效果图的轮廓线，绘制出客厅效果图内的家具、灯具、饰品等细部，注意家具材质表现，最后还应该把画面整体关系做进一步调整。

一点透视的餐厅效果图上色步骤解析。

图3-37　步骤一：运用一点透视原理画出效果图线稿。首先背景色可以选用灰色系，大面积铺色，家具简单铺底色并上阴影，灯饰可选用鲜亮的颜色，可以让画面看起来更生动。远处桌面摆放的物品较小，所以不必刻画太细，大概表达出来即可。

图3-38　步骤二：马克笔从室内主体物象的暗部入手，注意用色彩来表现画面的光影关系、体量关系。在对画面进行逐步深入刻画的过程中，要特别注意对画面中重色物体的环境色彩把控，切勿用色过深、过重。大面积进行铺色，地面阴影要明确，笔触要按照横向来画，注意透视关系。最后可选用彩色铅笔来表现地毯的纹理。

图3-39 步骤三：空间上色可以整体也可以局部刻画，局部开始画的地方多为空间的设计中心点。着色前要考虑质感色彩受光照后产生的变化。注意图中右上木梁吊顶阴影的处理方法，深色木质感除了受到天花光源变化影响外，还受到窗外光的影响，如图中玻璃的颜色可先不填，待整体上色后再做调整。

图3-40 步骤四：深化同种质感不同物体（形体），在空间中要注意通过色彩变化来拉开远近前后关系，有两种手法可深浅变化也可色彩纯度变化。如图中几组桌椅远近的处理，可采用马克笔的干湿画法，使得效果色彩自然、变化丰富，没有生硬的笔触感。

图3-41 步骤五：完善空间形体结构，调整画面中的不足，同时用涂改液修饰错误线形和渗出轮廓线的色彩，还有一些物体的高光等。这里还要注意"简单复杂画，复杂简单画"的原则，如天花结构简单、色相单一，要注意画出笔触变化，才能更好地协调统一画面。

第三节　两点透视效果图表现

1. 掌握两点透视线稿的画法。
2. 掌握两点透视上色表现。

超越时代的设计精神

贝聿铭（1917—2019），美籍华人，世界十大建筑设计师之一（图3-42）。他荣获了1979年美国建筑学会金奖、1981年法国建筑学金奖、1989年日本帝赏奖、1983年第五届普利兹克奖、1986年里根总统颁予的自由奖章等。

贝聿铭被誉为"现代建筑的最后大师"，他善用钢材、混凝土、玻璃与石材，作品以公共建筑、文教建筑为主，被归类为现代主义建筑，代表建筑有美国华盛顿特区国家艺廊东厢、法国巴黎卢浮宫扩建工程。

他的建筑设计有三个特色：一是建筑造型与所处环境自然融合；二是空间处理独具匠心，如卢浮宫玻璃金字塔（图3-43）；三是建筑材料考究和建筑内部设计精巧。身为现代主义建筑大师，贝聿铭的设计始终秉持现代建筑的传统，他坚信建筑不是流行风尚，而是千秋大业，要对社会历史负责。他持续地对形式、空间、建材与技术进行研究，使作品呈现多样性。他认为建筑物本身就是最佳的语言，从不自己执笔阐释解析作品的设计理念。

图3-42

两点透视也叫成角透视，它的运用范围较为普遍，因为有两个消失点，运用和掌握起来比较困难。应注意两点消失在视平线上，消失点不宜定得太近，在室内效果图表现中视平线一般定在整个画面靠下的三分之一左右位置。两点透视的优点是画面灵活并富有变化，适合表现丰富、复杂的场景，但如果角度掌握不好，画面会有一定的变形。

图3-43

两点透视的客厅效果图画法步骤解析。

图3-44

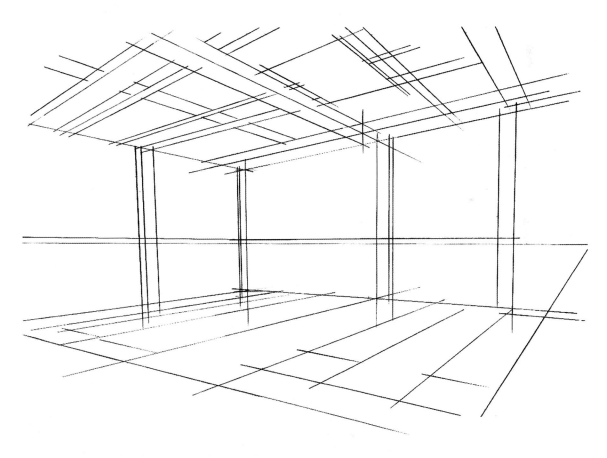

图3-45 步骤一：根据参考效果图，运用两点（成角）透视原理，画出中心墙体真高线，然后定好视平线和消失点，画出左右墙面的透视线。在绘制两点透视作品时，要注意左右两个消失点的位置不宜靠得太近，否则不符合人正常观看物象的效果。

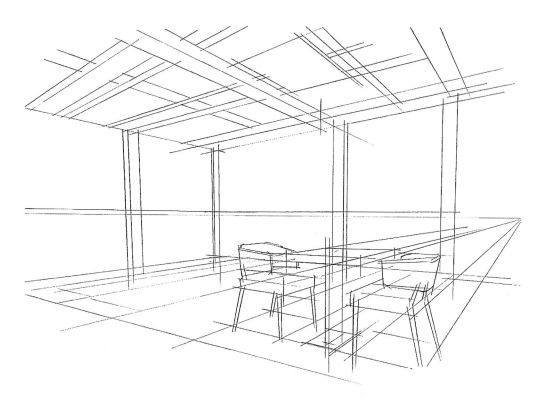

图3-46 步骤二：在墙体轮廓线基础上，定出空间分割线和纸面最外边距离线；找出家具最外边阴影大概位置、原始顶面和其他结构线；根据投影的位置，用铅笔画出第一组餐桌椅的形体。绘制线稿时，要注意大的透视关系，尺寸比例要准确，线条流畅，富有变化。

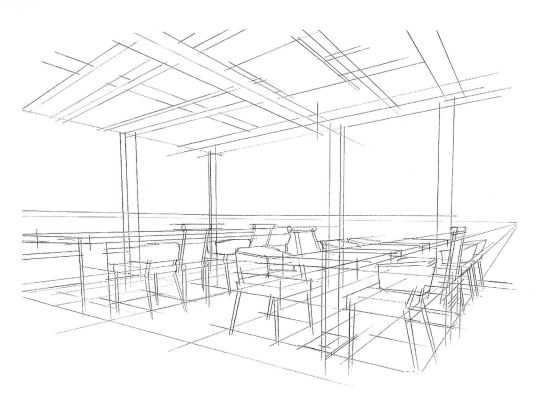

图3-47 步骤三：在步骤二的基础上，利用透视原理、近大远小关系，分别勾勒出其他餐桌椅、墙面及吊顶等的形体。注意用线去表现画面、组织画面，必须注意大的透视关系、尺度比例的准确性。同时，也要注重对物象结构的理解和表现。

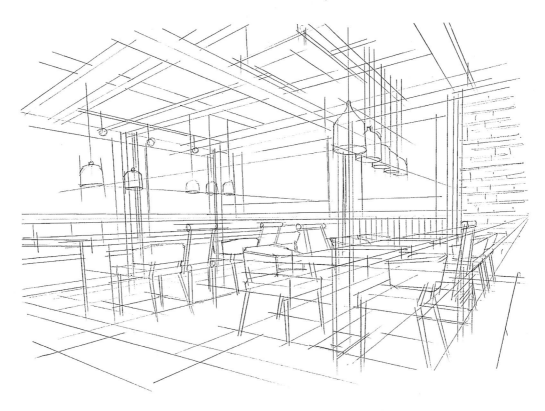

图3-48 步骤四：基本线稿已经完成，把空间内灯具及墙体的细节勾勒出来，强调明暗转折。注意室内主体物象的暗部投影和线条的表现，适当进行刻画与调整。

图3-49 步骤五：最后整体调整画面，加强画面空间层次和虚实关系。尺寸比例要准确，线条流畅，富有变化。完成画稿前，需要对画面的整体效果进行补充完善，突出画面重点，注意整体统一，在局部细节上加强画面的效果。

两点透视的客厅效果图上色步骤
解析。

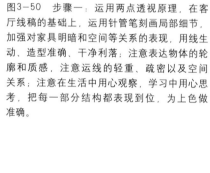

图3-50 步骤一：运用两点透视原理，在客厅线稿的基础上，运用针管笔刻画局部细节，加强对家具明暗和空间等关系的表现，用线生动、造型准确、干净利落；注意表达物体的轮廓和质感，注意运线的轻重、疏密以及空间关系；注意在生活中用心观察，学习中用心思考，把每一部分结构都表现到位，为上色做准确。

图3-51 步骤二：用黑色针管笔把重点细节刻画出来，然后选择马克笔把物体受光、暗部、质感表现出来。要清楚把哪一部分作为重点表现，然后从这一部分着手刻画。注意家具结构与马克笔运笔方向的相互关系，着色时注意家具的暗部细节。

图3-52 步骤三：进行大面积颜色刻画、虚化远景，把配景及小饰品进行点缀上色，进一步调整画面的线和面，打破画面生硬的感觉。注意表现不同质感之间的对比，上色工具不同，笔触效果也不同。

图3-53 步骤四：先考虑画面整体色调，再考虑局部色彩对比，注意整体笔触的运用和细部笔触的变化。与黑白稿一样，先从视觉中心着手，详细刻画，注意物体的质感表现、光影表现。还有笔触的变化，不要平涂，由浅到深刻画，注意虚实变化，尽量不让色彩渗出物体轮廓线。最后调整画面色调，在局部进行色彩刻画，注意物体的质感。

图3-54　步骤五：整体铺开润色，运用灵活多变的笔触，可选用彩铅进行远景的刻画、特殊质感的刻画。如木材、玻璃、布艺等质感的表现，笔触要按照材质的不同变化着笔的力度、方向来具体绘制。

图3-55　步骤六：调整画面，大胆收笔，细心结尾，注意物体色彩的变化，把环境色考虑进去，进一步加强因着色而模糊的结构线，用高光笔或修正液提亮物体的高光点，强调画面空间感，清晰地表达出设计师的设计思想。

注意事项：大的结构线可以借助工具，小的结构线尽量直接勾画，特别是沙发、地毯等，这样可以避免画面呆板。

本章总结

本章针对环境艺术设计表现技法中基本的室内效果图部分进行讲解和剖析，在熟练运用透视的基础上，采用不同的手绘表现形式，运用不同的绘图工具，为室内效果图赋予新的生命。通过效果图的表现技法等知识点学习，使读者清晰了解并掌握环境艺术设计效果图的手绘表现技法，进而运用到各专业和设计中去。

本章关键词

单体线稿　空间陈设　细节刻画　整体上色
组合家具　材质表现　软装线条　空间透视
设计绘制

练习题

◎ 【课后练习一】
理解各类家具在空间中的透视关系，形体质感表现，以及彩铅和马克笔的应用技巧。

◎ 【课后练习二】
运用所学知识绘制一张室内卧室效果图（图3-56）。

要求：

1.透视表达准确、空间构图合理美观。

2.手绘线条表达准确，具有一定的艺术表现力。

3.熟练运用马克笔或彩铅上色技法，表达材料材质准确美观。

推荐阅读

1. 郑峰，韩文芳，余鲁. 手绘与设计效果图快速表现技法. 上海：上海交通大学出版社，2015.

2. 贾森. 室内设计方案创意与快速手绘表达突破. 北京：中国建筑工业出版社，2006.

3. 杨健，邓蒲兵. 室内空间快题设计与表现. 沈阳：辽宁科学技术出版社，2011.

图3-56

「 第四章　园林景观手绘表现」

本章讲述了园林景观设计手绘表现技法的基本知识。园林景观手绘是景观设计师的语言。这种语言被赋予每个设计作品中，是设计师表现设计作品的一种交流工具。面对电脑制图广泛应用的现状，手绘的景观设计表现被赋予新的意义。通过本章的学习，旨在培养学生形成用手绘表现技法展现园林景观设计理念的习惯；认知手绘表现技法与景观设计理念之间的关系；培养运用不同的透视类型、不同透视角度展示园林景观设计方案的技能；培养掌控景观项目设计方案的职业素质，为从事园林景观设计工作打下坚实的基础。本章将系统地对园林景观手绘表现的专业知识内容进行讲解。

第四章　园林景观手绘表现

跟大师学习手绘的本质

大家在学习手绘的过程中，总会喜欢上一些设计界的大师，并且热衷于研究大师的作品及相关设计思想。在研究和学习大师思想时，我们需要先了解他们的设计作品，尤其是前期设计过程中能体现该作品深刻含义的手绘草图和表现图。

英国伦敦海德公园内的戴安娜王妃纪念泉可谓多年以来的经典水景观项目。设计的理念基于戴安娜王妃生前的爱好与事迹，以"敞开双臂—怀抱"为概念，设计了一个顺应场地坡度、在树林中落脚的浅色景观闭环流泉。整个景观水路经历跌水、小瀑布、涡流、静止等多种状态，反映了戴安娜王妃起伏的一生（图4-1）。

凯瑟琳的设计为人们日常生活的喧嚣提供了慰藉，也提供了一个公共领域统一的多层次的需求结构。

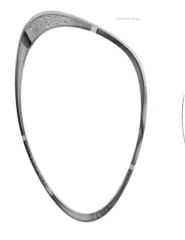

图4-1

第一节 园林景观常用单体画法

1. 掌握植物、景石、水体的手绘方法。

2. 掌握园林景观中铺装、景观设施及人物的手绘画法。

图4-2

如何才能练好手绘呢?

密斯·凡·德·罗是最著名的现代主义建筑大师。他是钢框架结构的开创者和玻璃幕墙的缔造者,世界上第一栋高层玻璃帷幕大楼就是出自他之手,也就是说我们现在住的房子都是从他那开始才这样建造的。他一直坚持"少即是多"的建筑哲学(图4-2)。

"少即是多"(less is more)是密斯的建筑设计理念,作为钢铁和玻璃建筑结构之父,他的建筑理念已经名扬全世界。密斯曾对他的学生说:"我希望你们能明白,建筑与形式的创造无关,而手绘是一个设计师存在的根本,只有多加练习才可勤能补拙。"

一、植物

植物配置,就是运用乔木、灌木及草本植物等,通过所学手绘技法,充分发挥所绘制植物的形体、线条、色彩等自然美来表现植物景观。在园林景观效果图表现中,植物配景是最不可或缺的部分,任何一个园林景观效果图场景中都会有植物的存在,按照画面中竖向景观层次关系,可以将其确定为"乔木""灌木""地被"三种类型。

1. 乔木

普通乔木种类,在绘画过程中不需要过细地描绘树种,树叶的形状不同,数量成千上万,绘画时要抓住其形态特征,概括地表达出来即可。树干绘制时应该注意其比例,以及与整个树木的高矮、粗细关系。棕榈、椰子等乔木属于大型热带树木,它们特征鲜明,树叶修长而略带弧度,整体树形挺拔,绘画时要具有一定的写实感(图4-3)。

图4-3

乔木在上色时也分树冠与树干两部分处理，要充分考虑树木的受光面，受光处适当留白，由浅入深，逐渐加重塑造（图4-4）。在绘制造型过程中，树叶数量很多，绘画工具有限，更多的是要观察现实中的乔木形态，通过绘画概括植物成千上万的树叶，更注重其形态的表现。

2.灌木

灌木是众多低矮植物的统称，与乔木相比是相对低的植物配景，在园林景观效果图画面中起到的是点缀、填充的作用，其姿态应该自然丰富。手绘处理上要概括提炼处理（图4-5）。

灌木上色要注意其整体形态体量、明暗，处理要细致严谨些（图4-6）。

图4-4

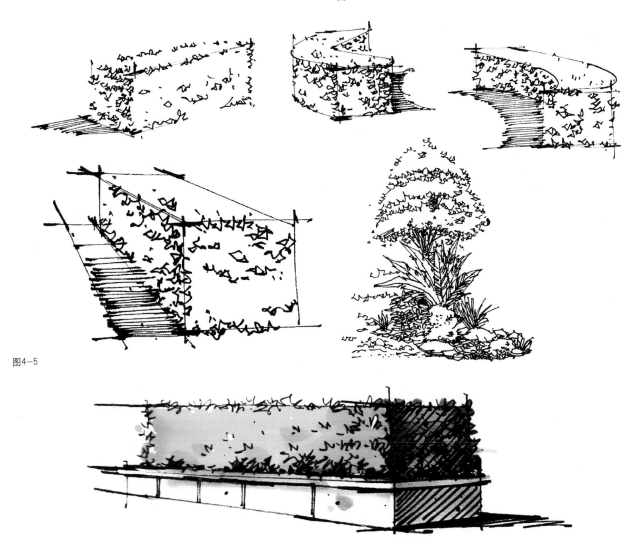

图4-5

图4-6

3.地被

地被类植物的画法，一般使用统一的笔触形式进行概括处理，要讲求线条的远近疏密和过渡变化，同时注意留白（图4-7）。

地被上色，要有大面积的平整开阔感。同时，还要有一定的草地质感，这种质感可以借助彩铅与马克笔的扫笔技法等来表现（图4-8）。

二、山石

山石在园林景观中很常见，可以搭配其他的园林景观元素，还可以放在适当的位置作为配景点缀。画法要有一定的概括性、块状感、自然感，运用折线较多，圆中透硬，不要有过多的笔触修饰，不宜画多画过。上色时，颜色不宜过多，笔触不宜过繁，表达出景石的体量感即可（图4-9、图4-10）。

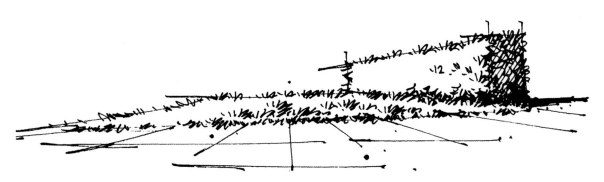

图4-7

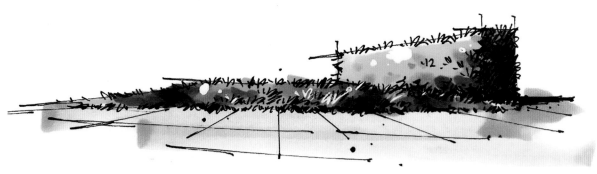

图4-8

图4-9　　　　　　　图4-10

三、水体

水体通常有静态水、动态水。静态水景多为池塘、湖泊。动态水包括小溪、跌水、喷泉等。

临水的物体会在水中产生倒影，水下倒影的透视消失关系与物体一致，也要根据画面效果进行细节调整。画景物在水中破碎的倒影时，要注意概括处理。按照景物形态的变化、色彩的差别，把握好整体关系，线条要流畅、自然，切忌把水画得支离破碎（图4-11）。

四、铺装

园林景观铺装的种类很多，要尽量了解每种铺装的特点，在园林景观效果图表现中一般是比较概括的，绘制时铺装的透视不能与整个画面的透视发生冲突。常见的有石板、卵石、砖面、木栈道等（图4-12、图4-13）。

图4-11

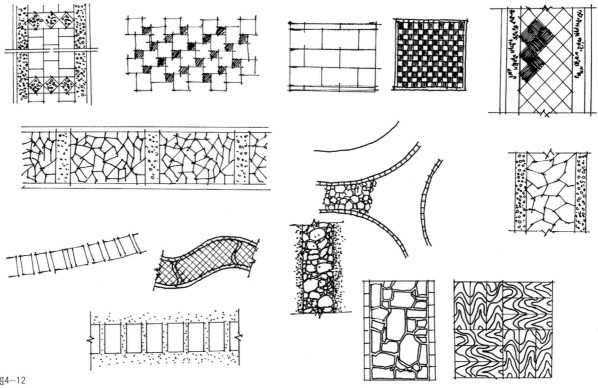

图4-12

图4-13

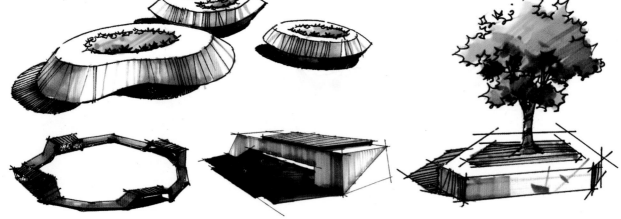

图4-14

五、景观设施

景观设施是园林景观设计中的重要构置物，它不但会体现出设计的风格，而且合理地表现景观设施可以提升画面效果。手绘中要考虑与整个绘制环境的比例关系，景观设施绘制得过大或过小都会影响场景比例关系，在透视上也要与主体物相互协调一致（图4-14）。

六、人物

人物常常被叫作景观效果图中的尺子，在园林景观设计方案的手绘描绘中，适当地画一些人物可作为衡量建筑及景观尺度的重要依据，同时也能使画面生动活泼。

1.远景人物的表现

远景人物放置位置可居画面中心或离表现重点较近，用概括的线条加以表现，不用突出人的体态特征，形似一个口袋，这种概括表现在快题设计考试中非常实用（图4-15）。

图4-15

2.中景人物的表现

中景人物放置的位置多且要分散些，这种尺度的人物画法需要把握的是大的人体比例。

3.近景人物的表现

近景人物要少要精，并且一般会位于画面的角落，还要注意不要对主体景物产生遮挡，应细致地刻画。绘画时要注意男女体型生理上的区别，如男士肩宽背阔、女士腰细腿长等（图4-16）。

手绘效果图表现上要力求通过画面每个小的细节来体现空间的进深感、透视感、立体感，所以在人物绘制上，要运用不同的绘画方法表现单体空间变化，从而辅助整个画面的空间表现。

图4-16

第二节　园林景观平面、立面、剖面的表现

1.掌握园林景观平面图表现技法。

2.掌握园林景观立面图表现技法。

3.掌握园林景观剖面图表现技法。

独一无二的后现代"神作"

作为最负盛名的国际建筑大师之一的门德里西奥称得上是"瑞士设计"的代名词。他以瑞士UBS银行大楼、巴塞尔艺术博物馆、圣·约翰巴蒂斯塔教堂以及无数住宅回馈瑞士的建筑设计。一座座颇具形式感的现代建筑，无不流露着门德里西奥极为拿手的风格语言：简洁有力的几何线条、富有秩序感的中心对称、塑造空间的自然光线。

他的作品从来不流于迷人的表面，而在结构和功能性上均经过严密的计算、反复的推敲，才诞生出既符合视觉美感又遵从环境秩序的建筑形态。

门德里西奥最具有标志性的作品莫过于打败安藤忠雄、弗兰克·盖里等建筑师，获得竞标的旧金山现代艺术博物馆（SFMOMA）。这是他在美国的第一件作品，也是独一无二的后现代"神作"。它不仅拥有世界上最伟大的当代艺术藏品，在建筑设计上也是教科书般的存在，曾被《纽约时报》誉为"博物馆的新标杆"。追随者赞誉这座颇具后现代主义风格的建筑体，可也有声音说它的设计过于华丽，外观上像是一座充满禁忌的圣殿，并不应该运用于公共建筑之中（图4-17、图4-18）。

图4—17

图4—18

一、园林景观平面图

园林景观设计的平面图是表现规划范围内的各种景观要素（包括地形、山石、水体、建筑及植物等）布局位置的水平投影图，它是反映景观工程总体设计意图的主要图纸，也是绘制其他图纸及施工的依据。园林景观设计的平面图主要是表达景园的占地大小、景园内建筑物和构筑物的大小及屋顶形式和材质、道路的宽窄及布局、室内场地的位置及长宽大小、绿化的布置及品种、水体的位置及类型、环境小品及设施的位置、地面的铺装材料、地形的起伏及不同的标高等。

在给园林景观平面图上色时，多以简洁、清晰、明了的颜色表达为主，不宜在一个平面单体上重复使用过多的颜色。选择一个统一的光源方向，整个画面的阴影方向也要统一，绘制阴影时，阴影面积不宜过大。

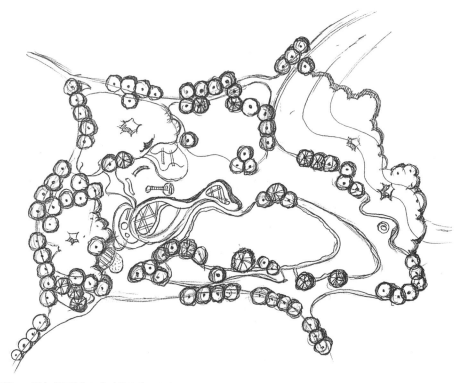

图4—19　步骤一：用自动铅笔勾画出建筑主体、水体、地形、道路、广场等主体景物轮廓的线稿。

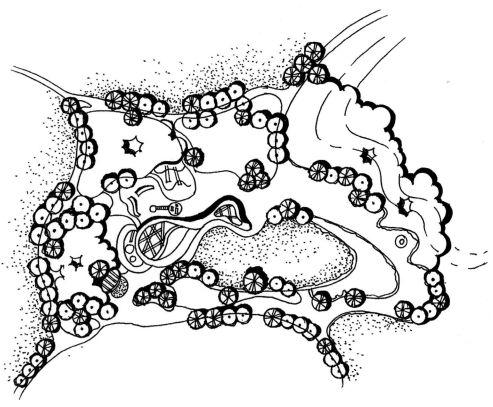

图4-20　步骤二：利用针管笔、模板、尺规等对铅笔稿进行描绘，深化平面图形边界，绘制出平面图中建筑、水体、地形、道路、铺装等主体景物平面图细部，注意铺装的材质表现，最后还应该把画面整体关系做进一步调整。

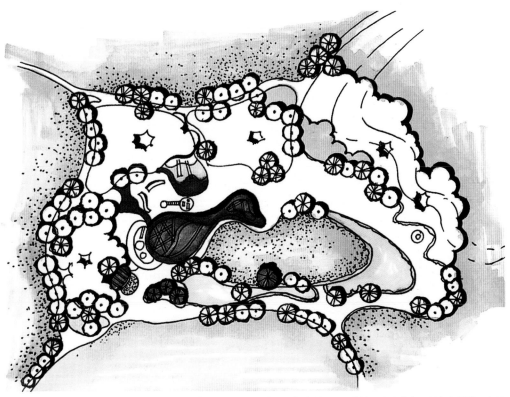

图4-21　步骤三：用马克笔上色时应该选择由浅入深的绘画顺序，一般来说平面图草地面积比较大，颜色也最浅，应用浅绿色马克笔进行草坪的整体刻画。部分石材和道路边界可以用相对应的颜色进行大面积快速铺色。

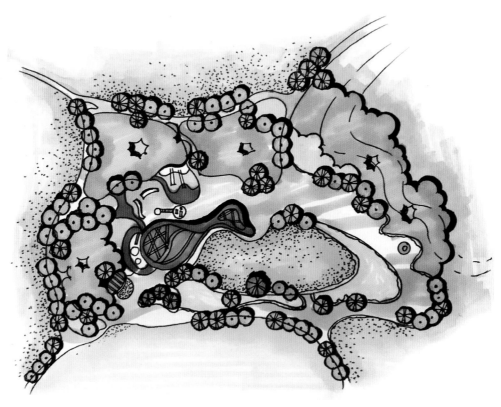

图4-22　步骤四：运用对应第三步所用的马克笔，选择稍深的颜色对草坪再次铺色。

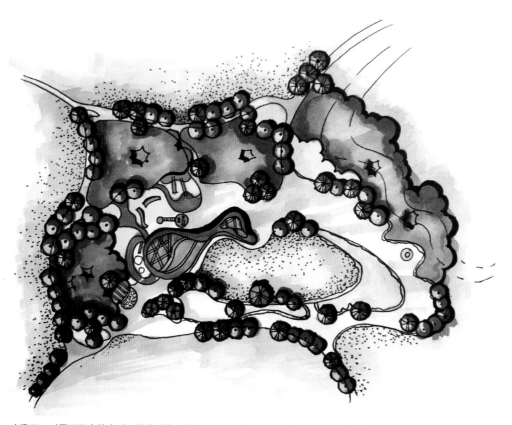

图4-23　步骤五：对平面图中的水系、道路系统、建筑物及景观构筑物上色，最终调整完成整个平面色彩。

二、园林景观立面图

园林景观设计的立面图是指垂直于景观设计范围场地水平面的平行面上景园的正投影方向的视图。园林景观设计的立面图如同建筑物的立面图一样，可以根据实际需要选择多个方向的立面图。与此同时，园林景观设计的立面图也有有别于一般建筑立面图的地方，就是因地形的变化而导致其地平线不总是水平的。园林景观设计的立面图主要表达的是景观设计要素，如建筑物、亭台楼阁、树木等水平方向的宽度和地形起伏的标高变化等（图4-24）。

1.依据景观设计平面图绘出其地平线（包括地形标高的变化）。

2.依据景观设计平面图绘出其相应方位的立面图，确定建筑物或构造物的位置并绘出其轮廓线。

3.完成立面图上树木及小品等的轮廓线。

4.加深地坪剖断线，并依次按图线的粗细深浅完成各部分内容。其中地坪剖断线最粗，建筑物或构筑物等轮廓线次之，其余最细。

三、园林景观剖面图

园林景观设计的剖面图是指假想一个铅垂面剖切景园后，移去被切部分，其剩余部分正投影的视图。其主要表达景观设计范围内地形的起伏、标高的变化、水体的宽度和深度及其围合构件的形状、建筑物或构筑物的室内高度、屋顶的形状、台阶的高度等（图4-25）。

1.先绘出地形剖面图、剖切到的建筑物剖面。

2.再绘出其他没剖切到的建筑物或构筑物的投影轮廓线。

3.绘出树林等景物的投影轮廓线。

4.加深地形剖面线，然后依图线的粗细深浅来完成各部分的内容。其中地形剖面线和被剖切到的建筑物剖面线最粗，其他轮廓线次之，树木及其他小品等内容线最细。在景观剖面图中，涉及水体时，应绘出其水位线。

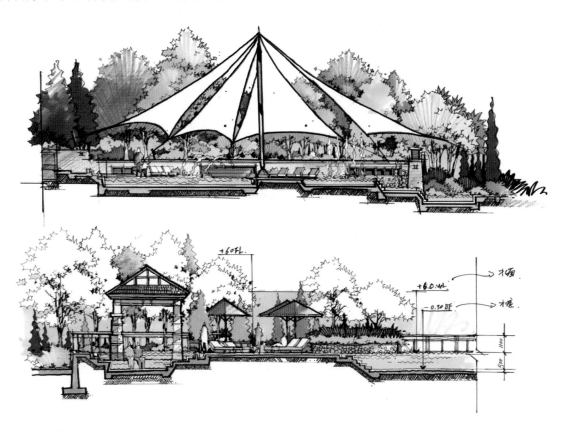

图4-24

图4-25

四、绘制剖立面应注意的问题

在绘制立面图与剖面图时，跟平面图一样，颜色不能过多过杂。物体的塑造不能过分立体，要把物体处理得平面化一些。

在绘制剖面图时要注意以下几点。

1.工程制图中的剖切符号要绘制准确无误，并且与所绘制剖面图剖切区域一致。

2.注意画剖立面图时，不但竖向层次要丰富，前后层次也要清晰。竖向层次由高到低应该是乔木层、构筑物层、灌木层、地被层，最后点缀上配景，如人物、天空、鸟儿等。剖切的区域或者地形需要加粗加重。

3.画者应该具备绘制各种树形的基础，根据不同的场景需要来选择配置树形等。重点区域之外的植物无须画得太细，体现出前后的层次关系即可。

第三节　景观效果图透视表现技法

1.景观透视效果图的种类及特点。

2.掌握园林景观设计表现技法。

用设计改变城市的样子

奥姆斯特德是美国19世纪下半叶最著名的规划师和景观设计师，他的设计覆盖面极广，从公园、城市规划、土地细分，到公共广场、半公共建筑、私人产业等，对美国的城市规划和风景园林具有不可磨灭的影响。被认为是美国风景园林学的奠基人，也是美国最重要的公园设计者。

2006年，奥姆斯特德被美国权威期刊《大西洋月刊》评为影响美国的100位人物之一。有人说："没有奥姆斯特德，美国就不会是现在的这个样子。"随着城市现代化进程的加快，人们对奥姆斯特德的景观设计哲学投以越来越多的关注。

在他毕生数以千计的设计作品中，最受追捧的绝对是位于智慧之城波士顿的波士顿绿道，它有个很美的名字——翡翠项链。作为世界城市史上第一条真正意义上的绿道，在欧美兴起不到百年却备受推崇。这也是奥姆斯特德留给后人最宝贵的设计哲学（图4-26、图4-27）。

图4—26

图4—27

一、景观透视效果图的种类及特点

景观透视效果图的画法源于几何的透视制图法则和相应的美术绘画基础。透视效果图具有消失感、距离感，相同大小的物体呈现出有相应规律的变化，比如随着画面远近的变化，相同的体积、面积、高度和间距呈现出近大远小、近高远低、近宽远窄和近疏远密的特点。

透视效果图常见的种类有：（1）一点透视（又叫平行透视）（图4—28），它的表现比较广泛，空间进深感强，适合用于表现庄重、严谨、规整的园林景观空间，画法简洁大方，展示视角比较广。缺点是在空间的高度相对低的时候，会略显呆板一些。（2）两点透视（又叫成角透视）（图4—29），它的表现范围比较广，适合表现比较活泼自由的园林景观空间。两点透视的缺点是画法相对复杂些，绘画角度选不好，容易产生局部变形。（3）鸟瞰图（又叫俯视图）（图4—30），它是根据透视学原理，用较高视点从高处某一点俯视地面起伏绘制成效果图，角度全面，形象逼真，富有立体感。

图4—28

图4—29

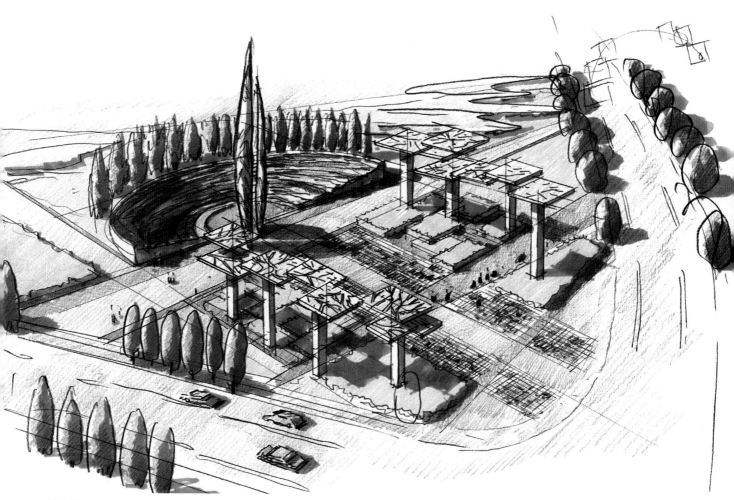

图4—30

二、景观透视案例步骤解析

图4-31 步骤一：确定合理的设计方案，选择相对适合的透视角度，进行简单的构图，从画面主体区域着手，建立空间界面。在构图的时候，要注意整张图的空间处理。对于画面中的单体大小处理要适当，要考虑单体与整个图面之间的比例关系。地面铺装的透视也是整张图的一个重点处理之处。

图4-32 步骤二：确立整体建筑物，丰富中心周边及前景的植物，要注意前后关系及画面层次，近处的植物形态要清晰。最后处理后面的远景，注意建筑物结构形式及画面的明暗对比。

图4-33　步骤三：在线稿确定以后，开始对整张图进行着色。对于一张效果图，线稿与色彩同样重要。着色要从大面积颜色开始，建立整体的色彩氛围，要注意主次关系。上色的时候要有统一的光源，统一的光影方向，并要确定绘制物体的固有色，最亮的区域要留白，要保留好一些效果的色彩笔触，上色时也要注意不要反复重复，要见好就收。

图4-34　步骤四：在上第二个层次的颜色时，要注意前后关系层次、虚实的处理。手绘效果图表现更是注重空间大的色彩关系，着重表现物体的"自身"特性，在刻画上从单体入手，注重物体的固有色、质感，让观者与现实中的物体和色彩产生对照或联想。

图4-35 步骤五：这一步的重点是塑造整体画面及各个单体的明暗感觉。最后丰富完善画面，对画面细节进行刻画，同时也要注意笔触的形态。对于植物要分清主次，主要植物可以细致刻画，次要的要弱化，注意植物种类与前后位置不同，所用的色调也应该有所区别。注意处理前景物的同时，还应该考虑画面的整体效果。

本章总结

　　本章对园林景观设计专业手绘表现技法中相关知识进行了讲解和剖析，通过重要单体的画法、景观平面图、剖立面图的表现及景观效果图的表现等知识点学习，使读者了解并掌握园林景观手绘效果图的表现技法，并能在之后的学习、工作中灵活地运用此技法。

本章关键词

　　景观单体表现　平面绘制表达　剖立面表现
　　景观手绘发展　景观效果图　步骤解析　技法应用

练习题

◎　【课后练习一】
　　根据所给的园林景观电脑效果图（图4-36），用你所学的一点透视或两点透视设计一幅由效果图上所提供内容物所组成的画面，并绘制出钢笔线以及马克笔效果图。可选择尺规作图或徒手作图，要求透视及比例准确，画面优美，有新意。

◎　【课后练习二】
　　运用所学创作并绘制园林景观手绘效果图作品一幅。

　　要求：

　　1.运用钢笔线、马克笔结合彩色铅笔表现，画面具有艺术性。

　　2.构图合理、美观，能体现主要设计思想，园林景观效果图具有实用性、设计感。

推荐阅读

　　1.杜健，等.景观设计手绘与思维表达.北京：人民邮电出版社，2015.

　　2.贾新新，唐英.景观设计手绘技法从入门到精通.北京：人民邮电出版社，2016.

　　3.邓琛，吕在利.室外快题设计——方法与表现技巧.北京：中国轻工业出版社，2011.

图4-36

第五章 公共艺术设计
手绘表现

本章讲述了公共艺术设计手绘表现技法的基本知识。在公共艺术设计创作过程中，设计师的日常创作素材积累、设计项目前期概念表达、项目过程中的图纸沟通，以及设计项目最终的艺术效果呈现，都需要手绘表现的基础。通过本章的学习，让学生了解城市公共艺术设计的作品形式及类型，掌握公共艺术设计表现中常见单体的画法、整体效果图手绘表现的技巧等，并就公共艺术手绘效果图中的表现技巧进行方法解析，培养学生具备独立进行公共艺术设计作品表现的能力，为专业学习、公共艺术创作打下坚实基础。

第五章　公共艺术设计手绘表现

为城市公共空间植入"瀑布"景观

劳伦斯·哈普林，美国第二代现代景观设计师，师从唐纳德。主要作品有西雅图高速公路公园、罗斯福总统纪念堂、爱悦广场等。其中爱悦广场被称为"城市公共空间生活舞台设计的最精美的综合体"。哈普林景观作品的特点：一是强烈的公众参与意识；二是如同在自然中的体验（图5-1）；三是运用水和混凝土来构筑自然景观（图5-2）。在他的作品中，我们常常能看到他将自然界中溪流、瀑布等景象的抽象形式运用到城市场景中，这来源于他对自然过程体验的研究，在理解大自然及秩序过程与形式的基础上，以一种艺术抽象的手段再现了自然的精神，而不是对自然简单的移植与模仿。他的设计创意来源于对自然现象的细致观察，对自然石块周边溪水的运动、自然石块的块面形态及质感的大量写生及记录。

图5-1

图5-2

第一节　公共艺术设计手绘表现基础

1. 了解城市公共艺术设计的形式和类型。
2. 掌握公共艺术设计表现的常用技法形式。

这些都是公共艺术吗？

英国艺术家马克·奎恩主要是以雕塑的方式来呈现人形，经常采用不寻常的材料。他的作品研究注重形式和内容的关系，或说内在和外在的关系，尤其是关于身体。

马克·奎恩的新作巨大的婴儿雕塑"Planet"近日亮相新加坡滨海湾花园。雕塑以马克·奎恩的儿子为原型，看起来就像是飘浮在地面上方一样（图5-3）。

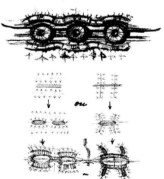

图5-3

一、概述

公共艺术设计的类型及作品形式丰富多样，充斥我们生活的周边，让人类的生存空间多了几分人文艺术气

息，营造了每一座城市独特的风格。城市公共艺术从所处城市空间上，可以分为建筑室内环境公共艺术和城市公共空间公共艺术，不管哪类公共空间公共艺术形式的创作，都经过了从艺术家日常生活中思考记录，到最初的艺术理念构想的图形化表达，再到作品的推敲成型，而这一完整的过程都是需要通过手绘表现进行呈现和记录的。

二、公共艺术设计的形式与类型

"公共艺术"的概念由来已久，历史学家在描述古代公共艺术的时候，往往指公共空间的艺术，具体的艺术形式有城市雕塑、城市公共建筑、城市公共设施、纪念型的城市公共艺术品等（图5-4）；现代环境语境下的公共艺术包括的类型及形式丰富多样，类型有城市雕塑与景观、设施艺术（图5-5）、社区艺术、室内空间艺术、观念艺术、艺术活动等，公共艺术常见的形式有多媒体交互艺术、壁画艺术、声音艺术、雕塑艺术（图5-6）、建筑艺术、装置艺术（图5-7）、行为表演艺术、影像艺术、大地艺术（图5-8）、灯光艺术等。

图5-6

图5-4

图5-7

图5-5

图5-8

三、公共艺术设计表现的特点

公共艺术手绘效果图需要忠实地反映设计物,是写实的艺术表现形式,被称为"诚实的艺术",其特征为以下两点。

1.忠实地反映设计物的总体预想效果

(1)如实反映设计物的地理位置、自然环境、人造环境等。

(2)准确地表现设计物的结构形式、表现造型特征、内外部形体空间。

(3)确切地表现设计物所使用的材料特质。

2.追求"真、善、美"

(1)真——科学、客观、如实地反映设计物形体、结构、材料及色彩(图5-9)。

(2)善——技术的、复杂的形体结构,丰富多彩的材料、色彩需要将它们表达、绘制出来,这就需要练就各种各样的绘画技艺,充分利用工具,按照材料的特性去表达设计物的特点和要求(图5-10~图5-12)。

(3)美——艺术的,手绘效果图毕竟不是工程图,它要艺术地体现出设计物的形象,就必须输入使其更美、更集中的因素。例如阳光、空气、季节变化、人群活动等情况;设计物使用功能效果的表现,以达到适宜的、恰当的、符合艺术作品观念的艺术效果。

图5-9

图5-10

图5-11

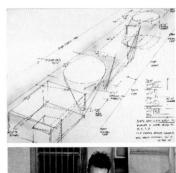

图5-12

第二节　公共艺术设计单体元素表现技法

1.掌握单体马克笔表现的特点及着色技巧。

2.掌握公共艺术设计作品不同材质的表现技法。

她的每件作品都是城市公共艺术的地标!

扎哈·哈迪德，1950年出生于巴格达，伊拉克裔英国女建筑师。她的设计作品几乎涵盖所有的设计门类、门窗、家具、雕塑摆件、灯具、水杯和餐具。她的绘画作品更是前卫，一直在世界各地展出，很多作品被纽约现代艺术博物馆永久收藏。有人打了个比方："哈迪德这三个字就是当今建筑界的畅销品标记。"她仿佛一帆风顺，以至于有一次电视台的记者采访她时问："你是一个幸运儿，对吗？"哈迪德严肃地回答说："不！我坚忍不拔地去努力！我花了超过他人数倍的力气！我没有一天放过自己！"是的，她取得的成就来自创作的勤奋、态度的严谨，表现于创作过程中大量素材的积累和研习（图5-13、图5-14）。

图5-13

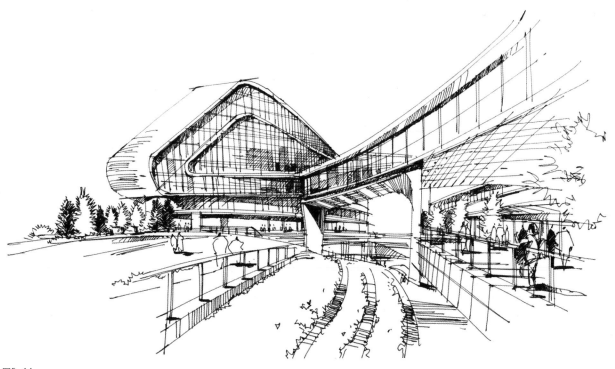

图5-14

一、公共艺术单体元素表现

1.雕塑及装置

城市雕塑和装置艺术是公共艺术常见的艺术形式，也是在城市公共空间中最常见的公共艺术类型。其中，城市雕塑从作品形式上分为写实类和抽象类两种表现形式；装置艺术表现形式则较为多样化。

（1）雕塑马克笔表现技巧

常见的雕塑艺术有具象类作品（人物、小动物、花木）（图5—15、图5—16）和抽象造型作品，用的材质大多为石材、不锈钢、玻璃钢、铸铜等。表现雕塑时需

图5—15

图5—16

要注意的要点如下：表现具象雕塑时，应注意整体概括
的形体，表现的重点是雕塑的体积及质感；表现抽象雕
塑时，雕塑造型多为不规则形，特别需要注意的是雕塑
与画面透视关系是否正确（图5-17、图5-18）；画雕
塑时以光影方式表现可以特别加重投影关系，使雕塑的
体积感增强。运用马克笔进行雕塑表现时，具体分为四
个步骤：一是分析雕塑作品的形象特点及环境特点，进
行主体色着色，这个阶段注意留白；二是刻画雕塑作品
的重点局部细节；三是表现材质的细节及质感的整体效
果；四是用提白笔对高光部分进行提亮，并用彩色铅笔
进行细节部分的过渡。

图5-17

图5—18

（2）装置艺术设计作品的着色技巧

装置艺术作品造型丰富，具有极强的艺术感，在进行此类作品的上色表现时，应在透视关系准确的基础上赋予恰当的明暗与色彩，着色应根据先整体后局部的方式来进行，先确定画面的整体色调，绘制整体的环境气氛，要做到整体用色准确，落笔大胆，以放松为主，局部小心细致，行笔稳健，以严谨为主，采用层层深入的绘制方式（图5-19）。

图5-19

2.公共环境设施设计表现

在进行公共环境设施设计表现时，材质的表现是重点，要熟识各类材料的表现技巧，这样才能更好地进行场景的设计表现。

（1）砖石表现

石材的特点是材料光滑，有深浅花纹，画时可采用湿画法，画出花纹的走向动势，趁纸面未干时，用硬笔或其他画笔画出深浅硬纹，最后画分割线和高光。抛光石材质地坚硬、表面光滑、色彩沉着稳重，纹理自然变化呈龟裂状或乱树权状，深浅交错，有的还是芝麻点花纹（图5-20～图5-23）。

图5-20

图5-21

图5-22

图5-23

（2）木质质感表现

木质材料分为原木质感和加工之后的木质材料。原木质感：未经处理的树木，有残留的树皮，表现时应画出原木表皮的粗糙感以及蜘蛛网状的年轮断面。加工之后的木板：经过处理加工的木材，表现时注意描绘其厚度、裂纹、木纹和树疤等，如画幅所限而不能细画，常用的方法就是用半干的马克笔画木纹，用浅色画受光面并留出高光，暗面则用较深的木色平涂即可（图5-24）。如需细致刻画时，再用彩色铅笔加以调整，如没有半干的马克笔画木纹，彩铅也可代替。

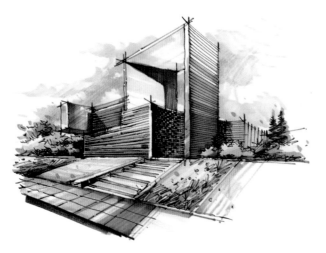

图5-24

（3）金属质感表现

质感方面，在大色调准确表现之后，要利用小笔触刻画细节来表现质感的特性。尤其是要刻画在光照环境下的质感变化，特别是一些反光物体的刻画要做到准确到位，这样才能大大提升画面的效果。金属的表面处理有好几种，常见的有亮面、亚光面、毛丝面等，但是我们仍可以用一种画法概括它。抛光金属因为反射具有明显的高对比度（暗色更暗、亮色更亮，经常伴随调子的突变，边缘部分却很柔和），画不同形状的不锈钢就是画不同形状的镜面放射。要注意的要点如下：①高光出现在转折处。②平面的不锈钢反射的影像一般都有变形，我们将其概括成高光、灰调和深色调，呈块状或条状。③凸面压缩反射，凹面则放大反射。

（4）纤维类材料表现

公共艺术设计作品，大量用到了纤维材料，在进行表现时必须注意它的结构关系。涂色时先涂底色，颜色不要涂匀，然后用相同明度、不同冷暖关系的小色块填色，待颜色干后用深色勾线，不同类型纤维材料的效果就会跃然纸上（图5-25）。

图5-25

二、设计创意草图

公共艺术设计的创作过程中，将大量运用到设计创意草图的绘制，设计创意草图是设计师思考的图形化表达（图5-26），创意草图表达的重点不是如实地表现设计的结果，而是将设计师头脑中的思考过程进行表现，创意草图可以是不完整的。设计创意草图会经常与文字进行配合，实现设计师头脑中思维的记录（图5-27～图5-31）。

图5-26

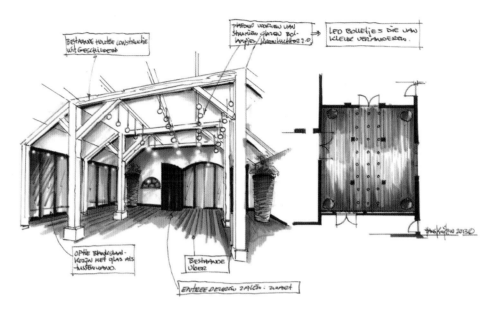

图5—27

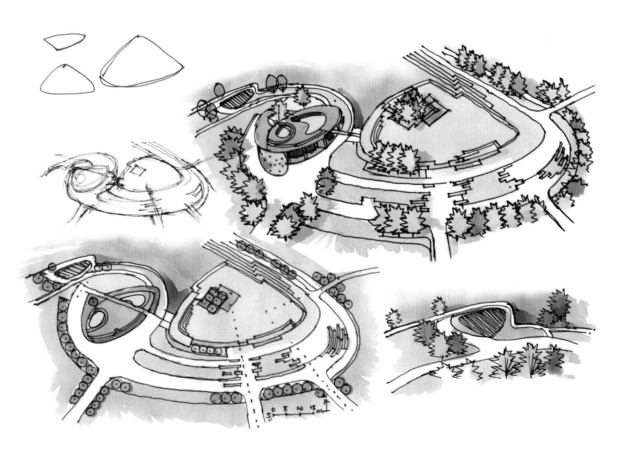

图5—28

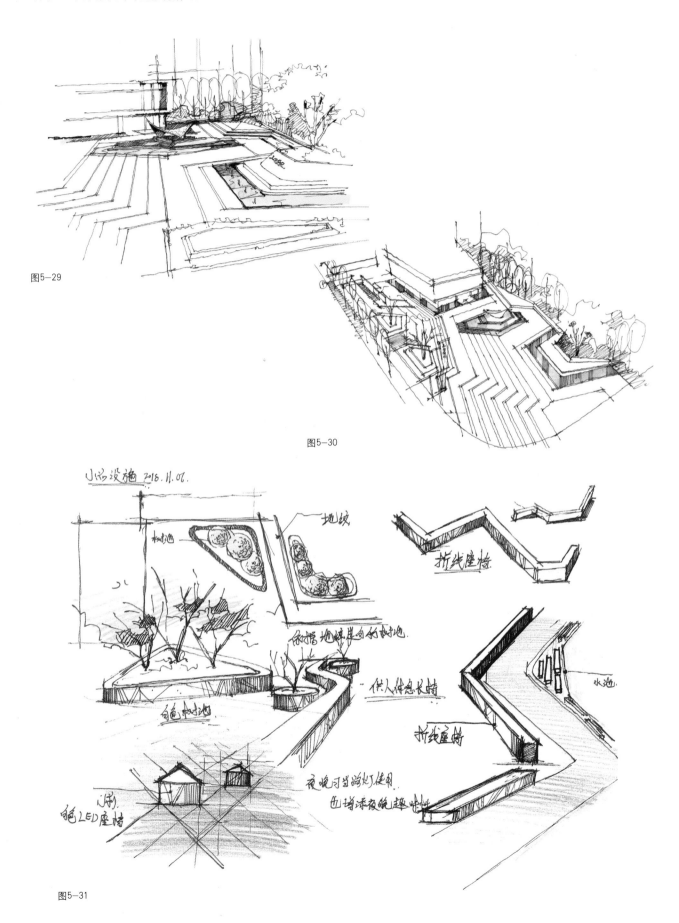

图5—29

图5—30

图5—31

第三节　公共艺术设计场景手绘表现技法

1.掌握公共艺术设计表现技法的特征。

2.掌握不同类型公共空间环境中公共艺术设计作品的表现技法。

图5-33

"高技派"诺曼·福斯特

诺曼·福斯特被誉为"高技派"的代表人物，第21届普利兹克建筑大奖得主。他特别强调人类与自然的共同存在，而不是互相抵触，强调要从过去的文化形态中吸取教训，提倡那些适合人类生活需要的建筑方式。"我认为建筑应该给人一种强调的感觉，一种戏剧性的效果，给人带来宁静。机场是一个旅行的场所，它必须有助于将航空旅行从一个烦恼的过程变成一种轻松愉快的体验。"如果你到施坦斯德机场，你肯定会享受到自然光的趣味，会看到清晰的屋顶结构形式，就像回到了过去的那种挡雨采光的老式机场。许多东西都是仿照这种形式，他重新评价了建筑的自然性，凌乱的管道、线路和照明装置以及悬挂天花板的问题都不存在了。取而代之的是结构形式的清晰和自然光的趣味。屋顶实际上是一个照明屏，使室内免受外界天气的影响，同时这体现一种精神（图5-32、图5-33）。

一、快题设计手绘表达

快题设计手绘表现是公共艺术专业学生及从业设计师最常见的设计构思过程的表现形式，也是公共艺术专业学生参加设计竞赛及专业提升的主要途径。在快题设计表现中，不单单注重艺术设计作品的效果图表现，整体的画面构图也是快题设计表现的重点。构图是任何绘画形式不可缺少的最初表现阶段，所谓的构图就是把众多的造型要素在画面上有机地结合起来，并按照设计所需要的主题，合理地安排在画面中适当的位置上，形成既对立又统一的画面，以达到视觉心理上的平衡。

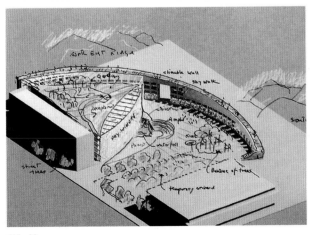

图5-32

1.快题版式设计内容

在快题设计的画面构图中应包括以下具体的设计信息内容：标题文字、设计说明、设计分析性图表表达、主效果图、局部详图及设计需要呈现的相关信息。

2.画面构图布局

一幅画面通常应该是均衡的，不能一边轻一边重，否则画面感觉不稳定，看着也不舒服。在效果图和绘画中，画面均衡是视觉形象重量感的权衡，画面中心被当作支点。在快题设计表现时，要做到构图主次分明，并且图面信息要做到有效传递。文字、效果图、分析图进行合理的艺术性的安排与构图（图5-34）。

3.画面视觉效果表现

快题表现的画面重点是设计创意信息的有效表达，视觉效果是重点，更重要的是让观者能看到设计师的设计意图，并且感受到设计最终呈现的环境氛围及艺术效果，所以在进行快题设计表现时，应该对设计的最终艺术效果做到心中有数，富有艺术性地表现设计作品的设计美学特征（图5-35～图5-38）。

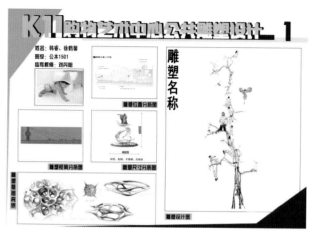

图5-34

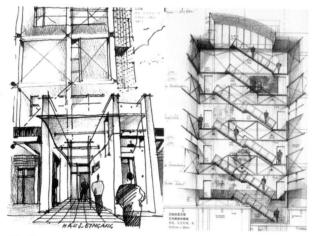

图5-35

图5-36

图5-37

图5-38

城市壁画设计与装置艺术设计表现图例（图5-39、图5-40）。

图5-39

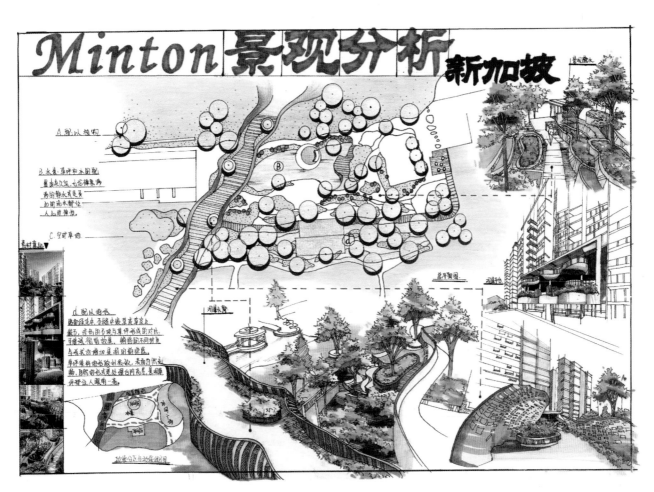

图5-40

二、整体效果图表现

与周围环境相比，新设计的公共艺术作品在周围的
环境中应当被突出，周围环境要素需大胆概括。当然，
精简的部分只是细节部分，透视关系绝不能出现问题。
与配景相比，新设计的公共艺术作品当是主角。总之，
画面重点与公共艺术设计中的重点是一致的。当然，重
点也有主次之分，不能平均对待。重点中的重点应该只
有一个地方，不宜分散。在建筑渲染中，突出重点的手
法主要有对比和视线引导，对比手法又可分为色彩对比
和简繁对比。

图5-41

1.表现步骤

以国外某社区公园装置艺术表现为例（图5-41）。

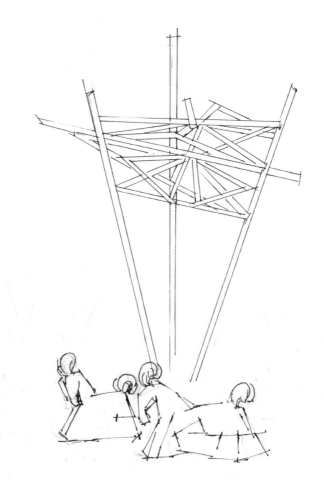

图5-42　步骤一：仔细观察场景，分析场地周边情况，用手做简单的取景框，进行简单的构图，从画面中心位置开始入手。其余地方可以用彩色铅
笔大致绘制一下透视关系即可。

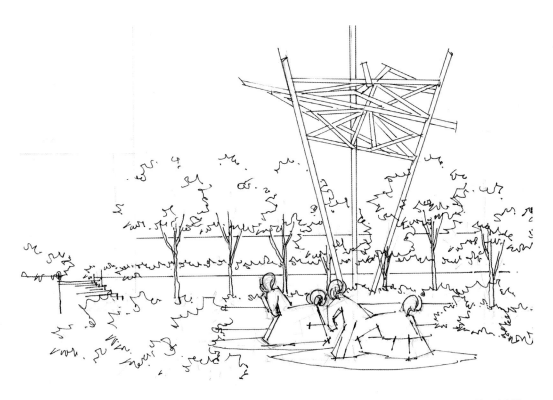

图5-43 步骤二：开始绘制钢笔线稿部分，先绘制出画面中心的公共艺术作品，再丰富中心周边的植物区域，绘制的目的是要衬托中心，不要面面俱到，所有都是为中心服务的。

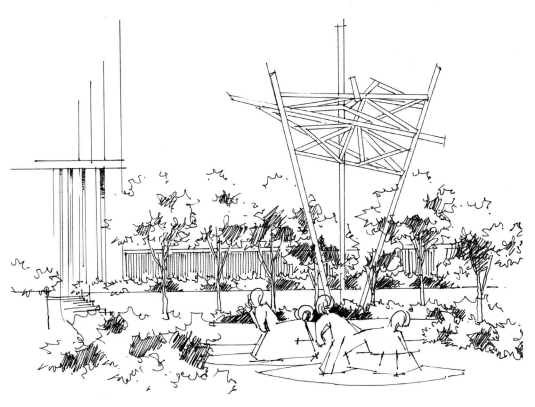

图5-44 步骤三：绘制的时候要考虑画面的空间进深感，透视要准确，完成中心之后，处理后面的远景区域，在结构形式、黑白对比关系、细节刻画等方面都要进行相应的弱化，为画面整体服务。

图5-45 步骤四：完成钢笔线稿后，开始着手上色。从画面中心开始入手上色，永远要记清楚主次关系。中心上色的时候要注意光线的变化关系，之后其他区域的光线变化关系要与中心区域保持一致。

图5-46 步骤五：继续上色，处理面积相对大一些的浅颜色部分，从中心主体物慢慢延伸到对周围进行上色，天空可以尝试运用色粉进行处理，其余部位正常绘制就可以了。

图5-47 步骤六：丰富完善画面，注意光线变化、深浅变化，处理前后虚实的关系，远处或者画面边缘要适当留白，体现画面的层次关系。

图5-48 细节一：雕塑的光线变化要自然，不要太硬。

图5-49 细节二：场景中的人物，注意疏密关系。

图5-50 细节三：天空可以用橡皮擦一下，把云擦出来，这样不会显得呆板。

2.整体效果图表现（图5-51）

图5-51

图5-52

图5-53

三、绘制效果图应注意的问题

1.线稿表现窍门

在绘制造型过程中，重点在于透视的表现，单是以单线来表现立体感还不够充分，为了加强立体效果还必须用明暗关系来处理。

2.配色秘诀

一般效果图的色彩应力求简洁、概括、生动，减少色彩的复杂程度。为增强艺术效果，有的色彩效果图可以运用有色纸做底色来表现。一是色彩均匀；二是节省涂色时间。三是可以很好地进行色彩统一，增强绘画性、趣味性。

图5-54

本章总结

本章对公共艺术设计专业手绘表现技法中相关知识进行了讲解和剖析，通过学习公共艺术作品类型及形式、公共艺术设计作品的单体表现、公共艺术设计作品场景表现等内容，使学生清晰了解并掌握公共艺术设计的手绘表现技法，并运用到专业设计中。

本章关键词

公共艺术形式　设计表现　设计创意草图
快题手绘表达　表现步骤　效果图表达
雕塑艺术　装置艺术　公共景观表现

 练习题

◎　【课后练习一】

请对给定的城市公共空间艺术作品图片进行马克笔快速效果图表现（图5-55、图5-56）。

要求：

1.透视准确，画面构图和谐，各元素之间比例得当。

2.马克笔上色技巧表现合理，画面富有艺术感。

◎　【课后练习二】

运用所学创作并绘制一幅城市公共艺术设施手绘作品。

要求：

1.设计表达具有创新性、时代性。

2.运用马克笔结合彩色铅笔表现，画面重点突出。

3.构图合理、美观，能体现主要设计思想。

图5-55

图5-56

 推荐阅读

1.严健，张源.手绘景园.乌鲁木齐：新疆科技卫生出版社，2002.

2.赵国斌，等.室内设计手绘效果图.沈阳：辽宁美术出版社，2008.

参考文献

1.李军，吕在利.环境设计手绘表现效果图.北京：中国轻工业出版社，2011.

2.杨健，邓蒲兵.室内空间快题设计与表现.沈阳：辽宁科学技术出版社，2011.

3.王有川，手绘表现技法.景观篇.上海：上海交通大学出版社，2011.

4.严肃，手绘效果图表现技法.长春：东北师范大学出版社，2011.

5.俞挺，等，草图中的建筑师世界.北京：机械工业出版社，2003.

6.[德]乔纳森·安德鲁斯.德国手绘建筑画.王小倩，译.沈阳：辽宁科学技术出版社，2005.

7.田宝川.环境设计手绘表现.青岛：中国海洋大学出版社，2014.

8.夏克梁.夏克梁钢笔建筑写生与解析.南京：东南大学出版社，2009.

9.李磊.印象手绘：室内设计手绘教程.北京：人民邮电出版社，2014.

附录 常用透视学术语

1.视点：投影中心、人眼的位置。

2.视心/主点：指视中线与透视画面的交点，位于视点正前方。

3.视平线：由视点作出的水平线形成的视平面与透视画面的交线。

4.视平面：过视点(目点)和视平线所作的平面称为视平面。

5.水平面：平行于地平面的平面称为水平面。

6.地面：又称地平面，大地的水平面。即以站立的观测者为中心的垂直平面。

7.基线：指透视画面与放置面的交线。

8.视域：固定视点所能见到的空间范围。绘画上通常采用60°视域范围作画为最佳，此范围内视觉清晰。

9.透视点：透视画面后的点称为透视点。

10.透视线：透视画面后的线称为透视线。

11.透视面：透视画面后的面称为透视面。

12.视线：由视点作出射向物体的直线。

13.迹点：视线与透视画面相交的点称为迹点。

14.视角：观察物体时，由物体上、下或左、右两端，同眼睛引出的视线所成的夹角称为视角。

15.余点：在视半线上，心点两侧的所有点称为余点。

16.天点：在透视画面上，地平线之上的所有点称为天点。

17.地点：在透视画面上，地平线之下的所有点称为地点。

18.视高：视点垂直距离基面的高度，在画面表示则是视平线与基面的距离。

19.视距：视点至透视画面的垂直距离。

20.基透视：基平面上的透视点、透视线、透视平面（又称为基透视点、基透视线、基透视平面），在透视画面上的透视称为基透视。

21.中视线：由目点作出的射向景物的任何一条直线均为视线，其中引向正前方的视线为中视线，中视线始终垂直于画面。

22.画面：视点与被投射被视物体之间所设的投影面。

23.视中线：指垂直与透视画面的视线，标志眼睛看的中心方向。

24.取景框：写生时，通常为了构图的完美而采用一个框进行比试，这个框叫取景框，一般为矩形，位于60°视圈内。

中国应用型大学传媒艺术专业系列教材

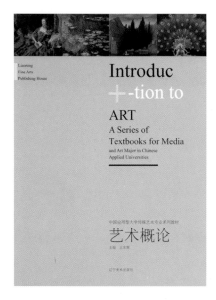

Introduc
+-tion to
ART
A Series of
Textbooks for Media
and Art Major in Chinese
Applied Universities

中国应用型大学传媒艺术专业系列教材
艺术概论
主编 王东辉
辽宁美术出版社

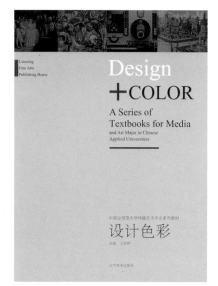

Design
+COLOR
A Series of
Textbooks for Media
and Art Major in Chinese
Applied Universities

中国应用型大学传媒艺术专业系列教材
设计色彩
主编 王东辉
辽宁美术出版社

Plane
+Compo
-sition
A Series of
Textbooks for Media
and Art Major in Chinese
Applied Universities

中国应用型大学传媒艺术专业系列教材
平面构成
主编 王东辉
辽宁美术出版社

Engineer
+-ing
Drawings
A Series of
Textbooks for Media
and Art Major in Chinese
Applied Universities

中国应用型大学传媒艺术专业系列教材
工程制图
主编 王东辉
辽宁美术出版社

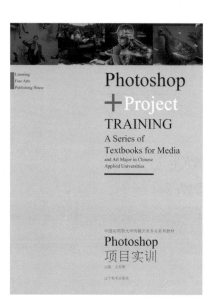

Photoshop
+Project
TRAINING
A Series of
Textbooks for Media
and Art Major in Chinese
Applied Universities

中国应用型大学传媒艺术专业系列教材
Photoshop
项目实训
主编 王东辉
辽宁美术出版社

Introdu-
+ction
to Network and
New Media
A Series of
Textbooks for Media
and Art Major in Chinese
Applied Universities

中国应用型大学传媒艺术专业系列教材
网络与新媒体
概论
主编 王东辉
辽宁美术出版社

Practical
+Training
AutoCAD Tutorial
A Series of
Textbooks for Media
and Art Major in Chinese
Applied Universities

中国应用型大学传媒艺术专业系列教材
AutoCAD 计算机
辅助设计教程
主编 王东辉
辽宁美术出版社

Visual
+Design
and Creative Prese-
ntation of Web Pages
A Series of
Textbooks for Media
and Art Major in Chinese
Applied Universities

中国应用型大学传媒艺术专业系列教材
网页视觉设计
与创意表现
主编 王东辉
辽宁美术出版社

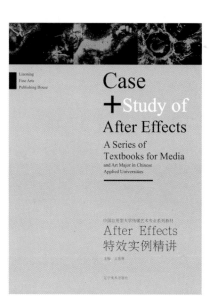

Case
+Study of
After Effects
A Series of
Textbooks for Media
and Art Major in Chinese
Applied Universities

中国应用型大学传媒艺术专业系列教材
After Effects
特效实例精讲
主编 王东辉
辽宁美术出版社